中国古典名著精华

温公家范

〔北宋〕司马光 著

刘枫 主编

黄河出版传媒集团
阳光出版社

图书在版编目（CIP）数据

温公家范 / 刘枫主编 .—— 银川：阳光出版社，2016.6（2022.05重印）

（中国古典名著精华）

ISBN 978-7-5525-2640-0

Ⅰ.①温… Ⅱ.①刘… Ⅲ.①家庭道德 – 中国 – 北宋 Ⅳ.① B823.1

中国版本图书馆 CIP 数据核字 (2016) 第 143386 号

中国古典名著精华　温公家范　〔北宋〕司马光 著　刘枫 主编

责任编辑	金小燕
封面设计	瑞知堂文化
责任印制	岳建宁

黄河出版传媒集团
阳 光 出 版 社　出版发行

地　　址	宁夏银川市北京东路139号出版大厦（750001）
网　　址	http://www.ygchbs.com
网上书店	http://shop129132959.taobao.com
电子信箱	yangguangchubanshe@163.com
邮购电话	0951-5047283
经　　销	全国新华书店
印刷装订	天津兴湘印务有限公司
印刷委托书号	（宁）0020215

开　本	710 mm×1000 mm　1/16
印　张	13.25
字　数	147千字
版　次	2016年11月第1版
印　次	2022年5月第2次印刷
书　号	ISBN 978-7-5525-2640-0
定　价	32.80元

版权所有　翻印必究

目　录

序 …………………………………………………………… 1
温公家范　卷一 ………………………………………… 5
温公家范　卷二 ………………………………………… 21
温公家范　卷三 ………………………………………… 29
温公家范　卷四 ………………………………………… 59
温公家范　卷五 ………………………………………… 83
温公家范　卷六 ………………………………………… 105
温公家范　卷七 ………………………………………… 125
温公家范　卷八 ………………………………………… 159
温公家范　卷九 ………………………………………… 175
温公家范　卷十 ………………………………………… 192

序

【原文】

《周易》：离下巽上。家人：利女贞。

彖曰：家人，女正位乎内，男正位乎外，男女正，天地之大义也。

家人有严君焉，父母之谓也。父父，子子，兄兄，弟弟，夫夫，妇妇，而家道正。正家而天下定矣。

象曰：风自火出，家人。君子以言有物而行有恒。

初九：闲有家，悔亡。象曰：闲有家，志未变也。

六二：无攸遂，在中馈，贞吉。象曰：六二之吉，顺以巽也。

九三：家人嗃嗃，悔，厉，吉。妇子嘻嘻，终吝。象曰：家人嗃嗃，未失也。妇子嘻嘻，失家节也。

六四：富家，大吉。象曰：富家大吉，顺在位也。

九五：王假有家，勿恤，吉。象曰：王假有家，交相爱也。

上九：有孚威如，终吉。象曰：威如之吉，反身之谓也。

《大学》曰："古之欲明明德于天下者，先治其国；欲治其国者，先齐其家；欲齐其家者，先修其身；欲修其身者，先正其心；欲正其心者，先诚其意；欲诚其意者，先致其知；致知在格物。物格而后知至，知至而后意诚，意诚而后心正，心正而后身修，身修而后家齐，家齐而后国治，国治而后天下平。自天子以至于庶人，一是皆以修身为本。其本乱而末治者否矣，其所厚者薄，而其所薄者厚，未之有也！"此谓知本，此谓知之至也。所谓治国必先齐其家者，其家不可教而能教人者，无之。故君子不出家而成教于国。孝者所以事君也，弟者所以事长也，慈爱者所以使众也。《诗》云："桃之夭夭，其叶蓁蓁。

之子于归，宜其家人。"宜其家人，而后可以教国人。《诗》云："宜兄宜弟。"宜兄宜弟，而后可以教国人。《诗》云："其仪不忒，正是四国。"其为父子，兄弟足法，而后民法之也。此谓治国在齐其家。

《孝经》曰：闺门之内具礼矣乎！严父，严兄。妻子臣妾，犹百姓徒役也。

昔四岳荐舜于尧，曰："瞽子，父顽、母嚚、象傲。克谐以孝，烝烝乂，不格奸。"帝曰："我其试哉！女于时，观厥刑于二女。"厘降二女于妫汭，嫔于虞。帝曰："钦哉！"

《诗》称文王之德曰："刑于寡妻，至于兄弟，以御于家邦。"此皆圣人正家以正天下者也。降及后世，爰自卿士以至匹夫，亦有家行隆美可为人法者，今采集以为《温公家范》。

【译文】

《周易》：离下巽上，家人卦：卜问妇女之事吉利。

"彖词"说：家人的爻象显示，六二阴爻居于内卦的中位，像妇女在内，以正道守其位，九五阳爻居于外卦的中位，像男人在外，以正道守其位，则是天地间的大义。一个家庭有尊严的家长，即父亲和母亲。

父亲要像个父亲，儿子要像个儿子，兄长要像个兄长，弟弟要像个弟弟，丈夫要像个丈夫，妻子要像个妻子，这样家道就端正了。如果都能正其家，天下也就安定了。

"象辞"说：家人卦外卦为巽，巽为风；内卦为离，离为火，内火外风，风助火势，火助风威，二者相辅相成，是家人的卦象。君子从这个卦象中悟到，言辞一定要有内容才不至于空洞，德行一定要持之以恒才能彰显。

初九：防范家庭出现意外事故，没有悔恨。"象辞"说：防范家庭出现意外事故就是防患于未然。

六二：妇女在家里料理家务，安排膳食，没有失误，这是吉利之象。"象辞"说：六二爻辞之所以称吉利，是因为六二阴爻居九三阳爻之下，像妇人对男人顺从而有谦恭。

处理关系的榜样。推而广之,成为全国民众足以效法的榜样。这就是治国先要能够齐家的道理。

《孝经》说:家虽小,但治理天下的方法都在其中了!侍奉父亲,侍奉兄长。对待妻子臣妾,就像对待百姓臣民一样,必须御之以道。

从前四方诸侯之长向尧推荐舜,说:"他是乐官瞽瞍的儿子。他父亲心术不正,他的后母说话不诚实,弟弟像傲慢而不友好,但是舜能和他们和睦相处,他用孝行美德来感化他们,又加强自身修养,不流于邪恶。"尧帝说:"让我试试他吧!我将两个女儿嫁给舜,通过两个女儿来观察舜的德行。"于是尧帝命令两个女儿到妫水的转弯处,嫁给舜。尧帝说:"严肃认真地处理政务吧!"

《诗经》称赞文王的德行说:"周文王能以身作则,用礼法感化妻子和兄弟,进而来教化全国百姓,治理国家。"这都是古代的圣人先治理好家,然后再治理国家的典范。到后世,上至卿士下至一般百姓,也有许多在家里遵守礼法,而且可以成为别人学习的榜样的人和事,现在将这些典范事例收集起来,编成这本《温公家范》。

九三：贫困之家，众人嗷嗷待哺，这是愁苦的事情，但是假如能够辛勤劳作，就可以脱贫致富。而那些富贵之家，骄奢淫逸，妻妾儿女只知道嬉戏作乐，家道终将败落。"象辞"说：贫困之家，而能辛勤劳作，没有失掉正派的家风。富贵人家，一味嬉戏作乐，就会有失勤俭之道。

六四：富裕而幸福的家庭，大吉大利。"象辞"说：富裕而幸福的家庭，大吉大利，因为六四阴爻居于九五阳爻之下，相家人和顺而各守其职。

九五：君王到家庙去祭祀祖先，不要忧虑，祖先福佑家人，凡事吉利。"象辞"说：君王到臣民之家，说明君臣相互爱护。

上九：君王掌握杀罚之柄，威风凛凛，权柄不移，终归吉利。"象辞"说：上九爻辞讲杀罚立威，终归吉利，因为君上能够反省己身，树立威望。

《大学》说："古代那些想在天下彰明德行的人，必须治理好他的国家；要治理好国家，必须先要管理好家政；想管理好家政，必须先提高自己的修养；想要提高自己的修养，必须先端正自己的心；想要端正自己的心，必须要有一个诚恳的态度；想要有诚恳的态度，必须先要有知识和才智；想获得知识就必须去探求事物的理。通过探求事物的理获得知识，有了知识就产生诚恳的态度，有了诚恳的态度就会端正自己的心意，心意端正就能够提高自己的修养，提高了自己的修养就能够管理好自己的家，能够管理好自己的家就能够治理好国家，先治理好国家就能够平定整个天下。从天子到一般百姓，都要将提高自己的修养作为根本。本乱而未治是不可能的，想把本来应该厚实的东西用薄的来代替，而把本来应该薄的东西用厚的来代替，是不可能的！"这才是抓住了事物的根本，这才是最高的知识和智慧。所以想治理好国家必须先管理好自己的家，意思是说，连家都管理不好，而想去治理国家，这是不可能的。所以君子不出家门就教化了全国的人。这是因为在家里体现了子女要侍奉父母亲，弟弟要侍奉兄长，长辈对晚辈既要慈爱，又要指使他们。《诗经》说："美丽的桃树啊，枝叶繁茂；妙龄女子出嫁到丈夫家，使其家庭和顺。"将家人治理得非常和谐，而后可以去教导国人。《诗经》说："宜兄宜弟。"自己的兄弟之间非常和睦，而后就可以去教导国人了。《诗经》说："其仪不忒，正是四国。"父亲处理与子女之间的关系，也是兄弟之

温公家范 卷一

治家

治家必以礼为先

【原文】

卫石碏曰:"君义、臣行、父慈、子孝、兄爱、弟敬,所谓六顺也。"

齐晏婴曰:"君令臣共、父慈子孝、兄爱弟敬、夫和妻柔、姑慈妇听,礼也。"君令而不违,臣共而不二,父慈而教,子孝而箴,兄爱而友,弟敬而顺,夫和而义,妻柔而正,姑慈而从,妇听而婉,礼之善物也。

夫治家莫如礼。男女之别,礼之大节也,故治家者必以为先。《礼》:男女不杂坐,不同椸枷,不同巾栉,不亲授受;嫂叔不通问,诸母不漱裳;外言不入于阃,内言不出于阃;女子许嫁,缨。非有大故不入其门。姑姊妹、女子子,已嫁而反,兄弟弗与同席而坐,弗与同器而食。男女非有行媒不相知名,非受币不交不亲,故日月以告君,斋戒以告鬼神,为酒食以召乡党僚友,以厚其别也。

又,男女非祭非丧,不相授器。其相授,则女受以篚。其无篚,则皆坐奠之,而后取之。外内不共井,不共湢浴,不通寝席,不通乞假。

男子入内,不啸不指;夜行以烛,无烛则止。女子出门,必拥蔽其面;夜行以烛,无烛则止。道路,男子由右,女子由左。

又,子生七年,男女不同席,不共食。男子十年,出就外傅,居宿于外。女子十年不出。

又妇人送迎不出门,见兄弟不逾阈。

又,国君、夫人、父母在,则有归宁。没,则使卿宁。

【译文】

卫石碏说:"君王仁义、臣下有品行、父亲慈祥、儿子孝顺、兄长爱护、弟弟恭敬,这就是人们常说的六顺。"

齐国人晏婴说:"君主和善,臣子谦恭;父亲慈祥,儿子孝顺;兄长友爱,弟弟恭敬;丈夫温和,妻子柔顺;婆母慈善,媳妇听话,这就叫礼。"君主和善而又不违礼法,臣下忠君而没有二心,父亲对子女慈祥而且能够教育,子女对父母孝顺且能规劝其过错,兄长对弟弟爱护而且友善,弟弟对兄长敬重而又顺从,丈夫对妻子和气,妻子对丈夫温柔,婆母对媳妇慈祥,媳妇听命而又温婉,这一切是礼法中最规范的现象。

治家最好的办法莫过于讲究礼法。男女有别,是礼之大节,所以治家者必须以礼为先。《礼记》规定:男女不能在一起,不能共用衣架,不能共用毛巾和梳子,不能皮肤接触来传递和接受东西;嫂子与小叔不能互相往来问候;庶母不能洗非亲生孩子的衣裳;闺房外的话不能传入闺内,闺房内的话也不能传到闺外;女子订婚后,必须佩带香囊表示自己已有所归属。女子出嫁后,若不是家中发生大的事情,不能回娘家。姊妹、堂姊妹出嫁之后再回家,兄弟不能与她们同席而坐,也不能跟她们用同一个器皿吃饭。男女之间,不经媒人撮合,不能互通姓名而相好;没有接受彩礼不能成为姻亲,举行婚礼必须选择良辰吉日,必须斋戒和祭祀鬼神,同时还要酒宴招待同乡朋友,来表示其隆重。

另外,男女之间,如果不是遇到祭祀或举行丧礼,不能相互传递用具。如果要相互传递,只能是男人把东西放进竹筐里递给女人,女人从竹筐里取。实在没有竹筐,就需要男人先把东西放在地上,而后女人跪下去取。内室女眷不能和外边的人取一口井里的水；不能使用同一个浴室；更不能在同一个炕上就寝；也不能相互借东西。

男子如果要进入内室，不能啸叫，不能用手指指点点；夜里出入，要掌蜡烛，没有蜡烛就要停止行动。女子出门，一定要用东西遮蔽住脸；夜里出入也要秉烛，没有蜡烛就要停止行动。在路上也有规矩：男子从右边走，女子从左边走。

另外，孩子长到七岁的时候，男女之间就不能在同一个炕席上就寝了，也不能坐在一起吃饭了。这样是为了显示男女之间的区别。男孩子长到十岁的时候，就可以到外边去拜师傅学习，居宿在外边。女孩子即使到了十岁，也不能出去求学，永远都居住在内室里。

另外，妇人迎送客人也不能走出门外，即便是与自己的兄弟会面，也不能迈到门槛的外边。

另外，对于公主来说，如果父皇和母后在世，那么公主出嫁之后要经常回家去看望父皇和母后；如果父皇和母后去世了，也应该派晚辈回去看望一下。对于一般百姓家的女子来说，如果父母亲在，则要时常回去看望父母；如果父母去世了，也要派晚辈回去看望娘家人。

寝门之外，妇人莫问

【原文】

鲁公父文伯之母如季氏，康子在其朝，与之言，弗应；从之及寝门，弗应而入。康子辞于朝而入见，曰："肥也不得闻命，无乃罪乎？"曰："寝门之内，妇人治其业焉，上下同之。夫外朝，子将业君之官职焉；内朝，子将庀季氏之政焉，皆非吾所敢言也。"

公父文伯之母，季康子之从祖叔母也。康子往焉，门而与之言，皆不逾阈。仲尼闻之，以为别于男女之礼矣。

【译文】

鲁公父文伯的母亲是康子的从祖叔母,她到季氏那里造访的时候,康子正在朝中。康子和她说话,她不答应。康子跟着她来到内室的门口,她仍然不和康子搭话,只顾自己进入里边。康子觉得很奇怪,退朝后赶忙去拜见从祖叔母,说:"适才我没有听到您的吩咐,莫非我有什么地方做错了吗?"从祖叔母回答道:"在内室里边,是妇女们的事,上下都是这样。在外,你要履行国君交给你的公务;在内,你又要处理季氏家里的事务。这些皆不是我所能够过问的。"

公父文伯的母亲是季康子的从祖叔母。康子去看望她,她总是打开门和康子说话,从不迈出门限一步。孔子听说后,认为他们是认真遵守了男女有别的礼仪。

谦恭治家,尊贵集门

【原文】

汉万石君石奋,无文学,恭谨,举无与比。奋长子建、次甲、次乙、次庆,皆以驯行孝谨,官至二千石。于是景帝曰:"石君及四子皆二千石,人臣尊宠乃举集其门。"故号备为万石君。孝景季年,万石君以上大夫禄归老于家,子孙为小吏,来归谒,万石君必朝服见之,不名。子孙有过失,不谯让,为便坐,对案不食。然后诸子相责,因长老肉袒固谢罪,改之,乃许。子孙胜冠者在侧,虽燕必冠,申申如也。僮仆欣欣如也,唯谨。其执丧,哀戚甚。子孙遵教,亦如之。万石君家以孝谨闻乎郡国,虽齐、鲁诸儒质行,皆自以为不及也。建元二年,郎中令王臧以文学获罪皇太后。太后以为儒者文多质少,今万石君家不言而躬行,乃以长子建为郎中令,少子庆为内史。建老,白首,万石君尚无恙。每五日洗沐归谒亲,入子舍,窃问侍者,取亲中裙厕牏,身自浣酒,复与侍者,不敢令万石君知之,以为常。万石君徙居陵里。内史庆醉归,入外门不下车。万石君闻之,不食。庆恐,肉袒谢罪,不许。举宗及兄建肉袒。万石君让曰:"内史贵人,入闾里,里中长老皆走匿,而内史坐车自如,固当!"乃谢罢庆。庆及诸子入里门,趋至家,万石君元朔五年卒。建哭泣哀思,杖乃能行。岁余,建亦死。诸子孙咸孝,然建最甚。

【译文】

汉朝的万石君石奋没有文化,但是他为人谦恭、谨慎,周围很少有人能和他相比。石奋的大儿子石建、二儿子石甲、三儿子石乙、四儿子石庆,都因为温顺孝悌、为人谨慎而官至两千石。于是汉景帝感叹道:"石奋和他的四个儿子都是两千石,作为人臣的尊贵和荣宠竟然都集中在了他一个人门上。"所以将石奋称为"万石君"。孝景帝末年,万石君以上大夫的俸禄告老还乡。他的子孙们当的都是小官,回家去拜见万石君的时候,万石君总要穿上朝服来会见他们,而且从不叫他们的名字。如果子孙们犯了错误,万石君从不责备他们,只是坐在侧面的座位上,吃饭的时候对着桌子不吃饭。这样子孙就相互责备各自所犯的过失,然后求年岁大的人前去说情。子孙们跟在后边袒胸露背以表谢罪,立誓要改正错误。万石君这才同意原谅他们。那些已经成年的子孙们经常在万石君身边侍立,即便是休闲时也要戴着帽子,表现出舒和的气氛。家中的童子、仆人都是毕恭毕敬,欣然从命的样子。万石君操办丧事的时候,非常地哀痛悲伤。他的子孙们也都听从他的教导,也和他表现得一个样。万石君的家以孝顺和谦恭闻名于郡国,就连齐、鲁地区的一些儒者,也都自认为比不上。汉武帝建元二年,郎中令王臧因为写文章得罪了皇太后,皇太后就认为读书人知识虽然多,但是品质很差。而万石君家却因为默默地躬行礼法,为皇太后所称道,于是长子石建被提拔为郎中令,小儿子石庆被提拔为内史。石建已经老得头发都白了,可万石君却非常健康,没有一点病痛。石建非常孝顺,他每隔五天就回家去看望父亲。进入父亲的房间,小声向佣人打听父亲的身体情况,还亲自为父亲清洗内衣和便盆,洗干净就悄悄交给佣人,不敢让父亲万石君知道。石建这样做已经成了习惯。后来万石君迁徙到陵里居住。有一次,小儿子内史石庆喝醉了酒回来,已经进入了外门,还没有下车。万石君知道了这件事后,就又不吃饭,石庆非常害怕,袒胸露背向父亲请罪,万石君仍不原谅他。全宗族的人以及石庆的哥哥石建,都袒露胸背前来求告,万石君责备道:"内史是身份显贵之人,进入里弄,连里中年岁大的人都要回避。可内史却一点礼法都不懂,坐在车上丝毫反应都没有。这当然要受到惩罚。"说完,他就让石庆下去。从此之后,石庆和其他几个哥哥一进入里门,就快步走进家。万石君于元朔五年去世。他的大儿子石建悲痛欲绝,拄着拐杖才能行走。过了一年,石建也去世了。万石君的子孙们一个个都很孝顺,但是做得最好的要数石建。

勤俭致富,仗义疏财

【原文】

樊重,字君云。世善农稼,好货殖。重性温厚,有法度,三世共财,子孙朝夕礼敬,常若公家。其营经产业,物无所弃;课役童隶,各得其宜。故能上下戮力,财利岁倍,乃至开广田土三百余顷。其所起庐舍,皆重堂高阁,陂渠灌注。又池鱼牧畜,有求必给。尝欲作器物,先种梓漆,时人嗤之。然积以岁月,皆得其用。向之笑者,咸求假焉。赀至巨万,而赈赡宗族,恩加乡闾。外孙何氏,兄弟争财,重耻之,以田二顷解其忿讼。县中称美,推为三老。年八十余终,其素所假贷人间数百万,遗令焚削文契。债家闻者皆惭,争往偿之。诸子从敕,竟不肯受。

【译文】

樊重,字君云。他家世世代代都很擅长耕种庄稼,并且喜欢做生意。樊重性情温和厚道,做事情很讲究法度。他们家三代没有分家,财物共有,但子孙都相互礼敬,家里常常像官府一样讲究礼仪。樊重经营家里的产业,非常得法,一点损失浪费都没有;他使用仆人、佣工,能够人尽其用。所以家里能够上下同心戮力,财产和利润每年都成倍增长。以至于后来拥有田地三百余顷。樊重家所建造的房舍都是层楼高阁,四周有陂渠灌注。樊重家还养鱼、养牲畜,乡里有穷困紧急的人向他家求助,樊重一般都满足他们。樊重曾经想制作器物,他就先种植梓材和漆树。当时的人们都对他的做法嗤之以鼻。但是在几年之后,梓树和漆树都派上了用场。过去那些耻笑他的人,现在反过来都向他借这些东西。樊重的钱财积累至成千上万,他便经常周济本家同族,施惠于乡里。樊重的外孙何氏,兄弟之间为一些财产而争斗,樊重为他们的行为感到羞耻,索性送给他们两项田地,来解决他们兄弟之间相互愤恨,相互诉讼。本县的人都称道樊重的行为和品德,将他推为三老。樊重在八十多岁的时候去世,他平素所借给别人的钱财多达数百万,他在遗嘱中安顿子女们将那些有关借贷的文书契约全部烧掉。向他借贷的那些人听说后都感到很惭愧,争先恐后地前去偿还。樊重的孩子们都谨遵父亲的遗嘱,一概不接受。

【原文】

南阳冯良,志行高洁,遇妻子如君臣。

宋侍中谢弘微从叔混以刘毅党见诛,混妻晋阳公主改造琅琊王练。

公主虽执意不行,而诏与谢氏离绝。公主以混家委之弘微。混仍世宰相,一门两封,田业十余处,童役千人,唯有二女,年并数岁。弘微经纪生业,事若在公。一钱、尺帛,出入皆有文薄。宋武受命,晋阳公主降封东乡君,节义可嘉,听还谢氏。自混亡至是九年,而室宇修整,仓廪充盈,门徒不异平日。田畴垦辟有加于旧。东乡叹曰:"仆射生平重此一子,可谓知人,仆射为不亡矣。"中外亲姻、里党、故旧,见东乡之归者,入门莫不叹息,或为流涕,感弘微之义也。弘微性严正,举止必修礼度,婢仆之前不妄言笑,由是尊卑大小,敬之若神。及东乡君薨,遗财千万,园宅十余所,及会稽、吴兴、琅琊诸处。太傅安、司空琰时事业,奴僮犹数百人。公私或谓:室内资财,宜归二女;田宅僮仆应属弘微。弘微一物不取,自以私禄营葬。混女夫殷睿素好摴蒱,闻弘微不取财物,乃滥夺其妻妹及伯母两姑之分,以还戏责。内人皆化。弘微之让,一无所争。弘微舅子领军将军刘湛谓弘微曰:"天下事宜有裁衷,卿此不问,何以居官?"弘微笑而不答。或有讥以谢氏累世财产充殷,君一朝弃掷,譬弃物江海,以为廉耳?弘微曰:"亲戚争财,为鄙之甚。今内人尚能无言,岂可道之使争!今分多共少不至有乏,身死之后,岂复见关!"

【译文】

南阳的冯良,品行高洁,他把自己和妻子的关系处理得如同君臣关系一样,十分讲究礼仪和规矩。

宋代侍中谢弘微的从叔谢混因为受刘毅一党的牵连,被处以死刑。谢混的妻子晋阳公主改嫁琅玡王练。

公主虽然执意不肯离去,但皇上下诏要她离开谢家,并与谢家断绝关系。公主只好将谢混家的事情委托给谢弘微。谢混是当世宰相,一门两封,家里拥有田业十多处,童仆杂役上千人,唯独有两个女孩子,年纪都才几岁。谢弘微经营谢混家的生意和产业如同给公家办事一样秉公执法,即使是一分钱、一尺帛,进出都有账目。宋武帝登基后,晋阳公主被降封为东乡君,因为她颇守大节义理,受到人们的称赞,因此朝廷允许她再重新回到谢家。从谢混死到现在已有九年,但谢家的房宇仍然修整一新,仓库里的粮食放得满满的,家里的佣人杂役仍像以前一样多,而且耕种、开垦的田地比过去都多。东乡君感叹地说:"仆射平生很看重弘微,他可以称得上了解人啊,仆射虽死,但香火不灭。"远近亲戚、邻里、故交看到东乡君归来后的情景,没有不叹息的,有的甚至被感动得痛哭流涕。大家都在感叹谢弘微的仁义。弘微的秉性非常严谨正直,举止行动都十分讲究礼法。他在奴婢仆人的面前不随便说笑,因此家里从上到下都对他非常尊敬。东乡君去世之后,留下的财产成千上万,另有庄园、宅第十余所,遍布会稽、吴兴、琅玡等地。到太傅安、司空琰的时候,谢混家经营产业的奴仆童役仍然有数百人之多。当时社会上有舆论认为,谢混家的财产,室内的钱财应归谢混的两个女儿所有,其余的田宅童仆应当属于弘微。然而,谢弘微连一件东西都没有拿,连给东乡君举行葬礼的开销都是用自己的俸禄支付的。谢混的一个女婿叫殷睿,平时爱好博戏(赌博),听说谢弘微不动谢混家的财产,他便大肆侵夺属于妻妹和伯母两姑名下的那些财产,用来偿还博戏的欠债。家里的人都忍让他,谢弘微更是一无所争。弘微的妻弟领军将军刘湛对谢弘微说:"天下的任何事情都要有一个正确的裁决,你连这件不公平的家事都不去过问,又怎么可以去做官呢?"谢弘微却只笑不答。有的人讽刺谢弘微说,谢家祖祖辈辈传下来的财产非常多,可是却在一时间就全部抛弃了,就好像扔到了大海里一样,但谢弘微竟然还以为这样做是廉洁呢,岂不是傻瓜!但谢弘微却说:"亲戚之间争夺财产,是最让人瞧不起的,现在连家里的女人们都能够不说话,我怎么可以引导他们去争斗呢?眼下财产或多或少,但还不至于匮乏,等到死了之后,又怎么能分得清财产是谁的呢?"

累世同居,亲密无间

【原文】

刘君良,瀛州乐寿人,累世同居,兄弟至四从,皆如同气。尺布斗粟,相与共之。隋末,天下大饥,盗贼群起,君良妻欲其异居,乃密取庭树鸟雏交置巢中,于是群鸟大相与斗,举家怪之。妻乃说君良,曰:"今天下大乱,争斗之秋,群鸟尚不能聚居,而况人乎?"君良以为然,遂相与析居。月余,君良乃知其谋,夜揽妻发,骂曰:"破家贼,乃汝耶!"悉召兄弟,哭而告之,立逐其妻,复聚居如初。乡里依之,以避盗贼,号曰义成堡。宅有六院,共一厨。子弟数十人,皆以礼法,贞观六年,诏旌表其门。

【译文】

刘君良,瀛州乐寿人。他们家好几代都同在一个大家庭中居住,即使是四从的兄弟,也和同胞兄弟一样亲密和气。哪怕是一尺布,一斗米,大家都是共同享有。隋朝末年,天下发生了大的饥荒,强盗贼寇非常多,刘君良的妻子想要自己分开居住,于是她想了一个办法,将庭院里一棵树上的两个小鸟调换鸟巢放置。这样一来,两窝鸟就打了起来。刘君良一家人都觉得很奇怪,刘君良的妻子于是对丈夫说:"现在天下大乱,到处都在争斗,连鸟都不能在一起安居,更何况人呢?"刘君良认为妻子说得对,就与兄弟们分开来生活。过了一个多月,刘君良明白了妻子原先的计谋,便在晚上揪住妻子的头发骂道:"破家贼就是你!"他把兄弟们都招呼来,哭泣着把分家的真实原因告诉了大家,立刻将他的妻子休回家,众兄弟又像开始那样聚居在一起。乡里的人都依靠他们,以防备盗贼。刘君良的大家庭被称作"义成堡"。他们的住宅共有六个院落,但只有一个厨房。刘君良的子侄辈合起来有数十人之多,但都能以礼相待。贞观六年,唐太宗颁布诏令,旌表刘家。

家庭和睦之道:忍忍忍

【原文】

张公艺,郓州寿张人,九世同居,北齐、隋、唐,皆旌表其门。麟德中,高宗封泰山,过寿张,幸其宅,召见公艺,问所以能睦族之道。

公艺请纸笔以对,乃书"忍"字百余以进。其意以为宗族所以不协,由尊长衣食,或者不均;卑幼礼节,或有不备。更相责望,遂成乖争。苟能相与忍之,则常睦雍矣。

【译文】

张公艺是唐代郓州寿张人,他家九代聚居,北齐、隋朝、唐朝都表彰过他的家族。麟德年间,唐高宗到泰山封禅,经过寿张时,驾临张公艺家。高宗召见张公艺,问他家能够和睦相处的方法。

张公艺拿来纸笔,在纸上写了一百多个"忍"字进呈给高宗皇帝。他的意思是说,有的家族之所以不能和睦协调地相处,或者是因为家长分派衣食不公平,或者是因为上下尊卑的礼节有疏漏,这样,家庭内部互相责备,产生怨恨,便形成了矛盾和争斗。倘若家人都能够互相忍让,那么家族成员就能和睦相处了,整个家族也能长盛不衰。

礼乐教子诗书传家

【原文】

唐河东节度使柳公绰,在公卿间最名。有家法,中门东有小斋,自非朝谒之日,每平旦辄出,至小斋,诸子仲郢等皆束带。晨省于中门之北。公绰决公私事,接宾客,与弟公权及群从弟再食,自旦至暮,不离小斋。烛至,则以次命子弟一人执经史立烛前,躬读一过毕,乃讲议居官治家之法。或论文,或听琴,至人定钟,然后归寝,诸子复昏定于中门之北。凡二十余年,未尝一日变易。其遇饥岁,则诸子皆蔬食,曰:"昔吾兄弟侍先君为丹州刺史,以学业未成不听食肉,吾不敢忘也。"

姑姊妹侄有孤嫠者,虽疏远,必为择婿嫁之,皆用刻木妆奁,缬文绢为资装。常言,必待资装丰备,何如嫁不失时。及公绰卒,仲郢一遵其法。国朝公卿能守先法久而不衰者,唯故李相昉家。子孙数世二百余口,犹同居共爨。田园邸舍所收及有官者俸禄,皆聚之一库,计口日给饼饭,婚姻丧葬所费皆有常数。分命子弟掌其事,其规模大抵出于翰林学士宗谔所制也。

【译文】

唐朝河东节度使柳公绰在公卿士大夫间最为知名。他家家法很严。中门的东边有个小书斋,只要不是朝见皇帝的日子,他每天清晨准时到小书斋去,仲郢等子女都整装束带地站在中门之北向他问早安。柳公绰从早到晚不管是处理公事还是私事,以及接待宾客、和弟弟公权及堂弟们进食就餐,从早晨到晚上都不离开小书斋。掌灯以后,就依次叫子弟们捧着经史之书站在灯前,亲自朗读一遍,然后开始讲解做官治家的方法。公绰或谈论文章,或聆听弹琴,直到深夜方才回到卧室睡觉,这时子女们又站在中门之北向他道晚安。这样坚持了二十多年,从未改变过。如果遇到饥荒年月,子女们就以蔬菜为食,公绰对他们说:"先前我们兄弟侍奉父亲丹州刺史,因为学业未成,不让吃肉,我至今也不敢忘记。"

堂姊妹中若有丧夫守寡的,即使是关系非常疏远的,公绰也要为她们选择夫婿,准备嫁妆,那些嫁妆都是木刻镜匣以及染花的丝织品。公绰还常常说:与其一定要等待嫁妆丰厚完备,还不如及时出嫁。等到公绰去世后,儿子仲郢完全遵守家法,按父亲的做法治家。在当朝的公卿之中,能够坚持遵守古代礼法的,只有太宗时的宰相李昉。他家好几代的子孙约有二百多口,但仍然没有分家,还在一起吃饭。家里田园房产的所有收入,以及家里做官者的俸禄,都交回家里统一管理。平时按人口分配饭食,婚嫁丧葬的开支都有规定。选派家中子弟掌管这些事情。李家大家庭的规模大概已超过了翰林学士宗谔家的规模。

单箭易折,众箭难断

【原文】

夫人爪之利,不及虎豹;膂力之强,不及熊罴;奔走之疾,不及麋鹿;飞飏之高,不及燕雀。苟非群聚以御外患,则反为异类食矣。是故圣人教之以礼,使之知父子兄弟之亲。人知爱其父,则知爱其兄弟矣;爱其祖,则知爱其宗族矣。如枝叶之附于根干,手足之系于身首,不可离也。岂徒使其粲然条理以为荣观哉!乃实欲更相依庇,以捍外患也。

吐谷浑阿豺有子二十人,病且死,谓曰:"汝等各奉吾一支箭,将玩之。"

俄而命母弟慕利延曰："汝取一支箭折之。"慕利延折之。又曰："汝取十九支箭折之。"慕利延不能折。阿豺曰："汝曹知否？单者易折，众者难摧。戮力一心，然后社稷可固。"言终而死。彼戎狄也，犹知宗族相保以为强，况华夏乎？圣人知一族不足以独立也，故又为之甥舅、婚媾、姻娅以辅之。犹惧其未也，故又爱养百姓以卫之。故爱亲者，所以爱其身也；爱民者，所以爱其亲也。如是则其身安若泰山，寿如箕翼，他人安得而侮之哉！故自古圣贤，未有不先亲其九族，然后能施及他人者也。彼愚者则不然，弃其九族，远其兄弟，欲以专利其身。殊不知身既孤，人斯戕之矣，于利何有哉？昔周厉王弃其九族，诗人刺之曰："怀德惟宁，宗子惟城；毋俾城坏，毋独斯畏；苟为独居，斯可畏矣。"

宋昭公将去群公子，乐豫曰："不可。公族，公室之枝叶也。若去之则本根无所庇荫矣。葛藟犹能庇其根本，故君子以为比，况国君乎？此谚所谓庇焉，而纵寻斧焉者也，必不可君。其图之，亲之以德，皆股肱也。谁敢携贰！若之何去之？"昭公不听，果及于乱。

华亥欲代其兄合比为右师，谮于平公而逐之。左师曰："汝亥也，必亡。汝丧而宗室，于人何有？人亦于汝何有？"既而，华亥果亡。

【译文】

人的爪牙再锋利，也比不上虎豹；力量再强大，也比不上熊罴；跑得再快，也比不上麋鹿；飞得再高，也不及燕雀。如果不是靠大家的力量来抵御外患，就会被其他动物吞食。因此贤德之人教给人们礼法，告诉人们父子兄弟应该相亲相爱。一个人如果爱戴他的父亲，就同样会爱他的兄弟；热爱他的祖宗，就同样会爱他的宗族。人与自己家族的关系，就如同枝叶依附于根干，手脚长在身体上，不可分离。哪里只是为了壮观和秩序井然以达到表面上的荣耀呢？实在是希望互相保护，抵御外敌啊。

吐谷浑阿豺有二十个儿子，他患病快死的时候对儿子们说："你们各拿一支箭给我，我要玩个游戏。"一会儿对弟弟慕利延说："你拿一支箭来折断它。"慕利延折断了,阿豺又说:"你去拿十九支箭来,将其折断。"慕利延却不能折断。这时阿豺对儿子们说:"你们知道吗?一支箭很容易折断,众多的箭在一起,就难以折断,只要你们勠力同心,国家就可以稳固。"说完就死了。阿豺是戎狄之人,尚且知道宗族互相保护才能够强大的道理,何况我们是中原内地的人呢?古代的贤德之人知道仅仅自己本宗族的人力量太单薄,所以又用甥舅关系、婚姻关系来做为辅助。即便如此,仍觉得不够,所以又爱护和抚育百姓,让百姓来作为自己的护卫。由此看来,爱护自己的亲戚,就等于是在爱护自己;爱护天下的民众,就等于是在爱护自己的亲戚。如果能这样,那么自己就会安如泰山,永无危殆。别人怎么能够侵犯、侮辱你呢!所以,自古以来的圣贤之人,都是先和睦自己的本族远亲,然后再去保护天下的百姓。那些愚蠢的人就不一样了,他们抛弃本族和亲戚,与自己的兄弟们疏远关系,一心想自己独得利益。却不知道你一旦孤立无援,别人就会来戕害你,最终能得到什么利益呢?从前,周厉王抛弃九族,当时的人们写诗来讽刺他:"君王广施仁德国家才会安宁啊,宗族子弟是王室的坚强护卫。不要损坏自己的护卫啊,不要独任其力。如果什么事都自己独断专行,这样实在是太可怕了!"

  宋昭公将要去掉群公子,乐豫说:"不能这样做,整个公族好比是公室的枝叶,如果去掉这些枝叶,那么公室这个树根就没有庇护了。连葛藟这种植物都懂得去庇护它的根,所以君子都用葛藟来比喻做人的道理,而况国君呢?

  这个谚语说的是国君要用本宗族做为辅弼,如同根要用枝叶来庇护它一样。如果你用斧子砍掉这些枝叶,那么你一定不能当好国君。对待本家公族,应当用仁德来亲近他们,这样他们就都会成为你的强有力的辅佐。天下有谁敢对你有二心呢?为什么要去掉他们呢?"昭公不听乐豫的话,果然导致了国家的大乱。

  华亥想取代他的兄长合比成为右师,便到平公那里去说合比的坏话,让平公把合比赶走。左师说:"你这个华亥呀,早晚必定要灭亡!你削弱你的同宗本族,对别人会怎么样呢?别人又会对你怎么样呢?"过了不久,华亥果然死了。

不爱其亲,焉能爱自己

【原文】

孔子曰:"不爱其亲而爱他人者,谓之悖德;不敬其亲而敬他人者,谓之悖礼。以顺则逆,民无则焉,不在于善,而皆在于凶。德虽得之,君子不贵也。故欲爱其身而弃其宗族,乌在其能爱身也?"

【译文】

孔子说:"不爱自己的亲人却去爱别人,这就是违反道德;不敬重自己的亲人而敬重别人,这就是违反礼法。君王教育百姓遵从父母,自己却违反道德礼法,这样百姓就会无所适从。凡是不敬重自己的父母,一味地违背道德礼法的人,即使再讲究德行,君子也不会去敬重他。一个人想爱护自己,却抛弃自己的宗族,那又怎么能够做到爱护自己呢?"

怨之所生,生于自私

【原文】

孔子曰:"均无贫,和无寡,安无倾。"善为家者,尽其所有而均之,虽粝食不饱,敝衣不完,人无怨矣。夫怨之所生,生于自私及有厚薄也。

【译文】

孔子说:"家里的财产分配均匀,就没有人贫穷;家里的人能够和睦相处,大家就会团结在一起;家人相安无事,家庭就不会有祸害。"善于治家的人,将所有财产都平均分配,即使是每天吃粗茶淡饭、穿破旧衣服,甚至吃不饱穿不暖,人们也不会有怨恨产生。怨恨之所以产生,是因为家长自私自利而且对待别人不公平。

天下一尺布,大家共穿　天下一斗粟,大家共食

【原文】

汉世谚曰:"一尺布尚可缝,一斗粟尚可舂。"言尺布可缝而共衣,斗粟可舂而共食。讥文帝以天下之富,不能容其弟也。

【译文】

汉代有一句谚语说:"一尺布尚可缝,一斗粟尚可舂。"意思是说即使天下仅有一尺布,也还可以把它缝制成衣服,大家一起来穿;即使天下仅有一斗谷粟,也还可以做好了大家一起来吃。这句谚语是用来讥讽汉文帝拥有整个天下,却不能容纳他的亲兄弟。

【原文】

梁中书侍郎裴子野,家贫,妻子常苦饥寒。中表贫乏者,皆收养之。

时逢水旱,以二石米为薄粥,仅得遍焉,躬自同之,曾无厌色。此得睦族之道者也。

【译文】

梁代中书侍郎裴子野,家里很穷,妻子儿女经常被饥寒交迫所苦。裴子野却把没有饭吃的表弟表妹都收养在家。

当时正碰上水旱灾害,裴子野家用二石米煮成很稀的粥,家里人多,一人只能吃一碗,裴子野和大家一样只吃一碗,没有一点不堪忍受的表情。裴子野这种做法可以称得上是懂得与家族和睦相处的道理了。

温公家范 卷二

祖

为儿孙积钱财，不如给后代留功德

【原文】

为人祖者，莫不思利其后世。然果能利之者，鲜矣。何以言之？今之为后世谋者，不过广营生计以遗之。田畴连阡陌，邸肆跨坊曲，粟麦盈囷仓，金帛充箧笥，慊慊然求之犹未足，施施然自以为子子孙孙累世用之莫能尽也。然不知以义方训其子，以礼法齐其家。自于数十年中勤身苦体以聚之，而子孙于时岁之间奢靡游荡以散之，反笑其祖考之愚不知自娱，又怨其吝啬，无恩于我，而厉虐之也。始则欺绐攘窃，以充其欲；不足，则立券举债于人，俟其死而偿之。观其意，惟患其考之寿也。甚者至于有疾不疗，阴行鸩毒，亦有之矣。然则向之所以利后世者，适足以长子孙之恶而为身祸也。顷尝有士大夫，其先亦国朝名臣也，家甚富而尤吝啬，斗升之粟、尺寸之帛，必身自出纳，锁而封之。昼而佩钥于身，夜则置钥于枕下，病甚，困绝不知人，子孙窃其钥，开藏室，发箧笥，取其财。其人后苏，即扪枕下，求钥不得，愤怒遂卒。其子孙不哭，相与争匿其财，遂致斗讼。其处女蒙首执牒，自讦于府庭，以争嫁资，为乡党笑。盖由子孙自幼及长，惟知有利，不知有义故也。夫生生之资，固人所不能无，然勿求多余，多余希不为累矣。使其子孙果贤耶，岂蔬粝布褐不能自营,至死于道路乎?若其不贤耶,虽积金满堂,奚益哉?多藏以遗子孙,吾见其愚之甚也。然则贤圣皆不顾子孙之匮乏邪?

曰:何为其然也?昔者圣人遗子孙以德以礼,贤人遗子孙以廉以俭。舜自侧微积德至于为帝,子孙保之,享国百世而不绝。周自后稷、公刘、太王、王季、文王,积德累功,至于武王而有天下。其《诗》曰:"诒厥孙谋,以燕翼子。"言丰德泽,明礼法,以遗后世而安固之也。故能子孙承统八百余年,其支庶犹为天下之显,诸侯棋布于海内。其为利岂不大哉!

【译文】

做为人的先祖,没有不希望能够造福于后代的。可是真能造福于后代的却很少。为什么这样说呢?因为如今为后代谋利益的那些人,只懂得多积钱财留给后代儿孙。田地连阡陌,商铺遍布街巷,粮食堆满了仓库,财物塞满了箱子,仍然觉得不够,还在苦心谋求。这样他们心里就怡然自得,自以为子子孙孙世世代代都享用不尽了。但是这些祖辈们却不懂得更重要的是应该用做人的道理来教育子孙,也不懂得用礼法来管理家庭。他们自己几十年辛勤劳作所积累起来的财富,却被那些没有教养的子孙们在短时间内就挥霍殆尽。子孙们反过来讥笑祖辈们愚蠢,不会享受,还埋怨祖辈吝啬小气,曾经对自己不好,虐待了自己。那些家里广有钱财但又没有得到良好教育的后代子孙,大都是一开始欺骗盗窃,以满足自己的私欲,不够的时候,就向他人立券借债,打算等到祖父死后再来还债。仔细考察一下这些子孙们的心思,发现他们只是盼望祖父早死。更有甚者,祖父有病不但不给治疗,反而在暗中投毒,以求早一些得到家里的财产。那些为后代谋利益的祖父们,不但助长了子孙的恶行,也给自己带来了杀身之祸。过去有一位士大夫,他的祖先也是当朝名臣,他家里非常富裕但他却很小气,连斗升之粟、尺寸之布,他都要亲自管理。他还把金银财宝锁得严严实实,白天把钥匙装在身上,晚上睡觉时把钥匙放在枕头下边。后来他得了重病,不懂人事,子孙们趁机把他的钥匙偷走,打开密室,找到存放财宝的箱子,偷走了金银财宝。

他从昏迷中苏醒过来后就寻找枕头下面的钥匙,可是钥匙已没有了,他于是愤怒地死去了。他的子孙们不但没有为他的死而哭泣,反而因为相互争夺、藏匿财产,打斗、诉讼。就连未嫁人的处女也蒙着头拿着状纸,在公堂之上喊冤叫屈,为自己争夺嫁妆。他们的卑鄙行为受到了乡里的讥笑,究其原因,大概就是因为这些子孙们从小长大,只懂得追逐利益,不知道讲道义。生活中所用的钱财物资,本来是人所必需的,但是也不要去过分贪求。钱财一旦太多了,就会成为拖累。如果子孙们确实贤能,难道他们连粗食布衣都不能自己求得,难道会冻死饿死在路旁吗?倘若子孙们无能,即便是金银堆满屋,又有什么用呢?祖父们积累财富留给子孙后代,足见他们十分愚蠢。难道古代那些先贤都不关心他们的子孙后代的穷富吗?

有人问:他们为什么不给后代留下很多财产呢?因为古代圣人懂得留给子孙后代高尚的品德与严格的礼法熏陶,贤人们传给子孙的是廉洁的品质和俭朴的作风。舜出身卑贱却能够努力修养品德,终于当上了帝王。他的子孙们继承他的高尚品德,统治国家历经百代而不灭。周朝从后稷、公刘、太王、王季、文王开始修德积功,到了周武王的时候,终于推翻殷商,夺取了天下。《诗经》里说:"周文王谋及子孙,扶助子孙。"指的就是周文王积累恩德,申明礼法,而且将这笔财产传给后代,使得国家安定、社稷稳固。因而他们的子孙后代能够统治国家八百年。他们的那些旁系亲戚也成了天下的望族,被分封的诸侯遍及海内。周家祖先留给后代的利益难道不大吗?

沃土易被人夺,薄田世代相传

【原文】

孙叔敖为楚相,将死,戒其子曰:"王数封我矣,吾不受也。我死,王则封汝,必无受利地。楚越之间有寝邱者,此其地不利而名甚恶,可长有者唯此也。"孙叔敖死,王以美地封其子。其子辞,请寝邱,累世不失。

汉相国萧何,买田宅必居穷僻处,为家不治垣屋,曰:"今后世贤,师吾俭;不贤,无为势家所夺。"

【译文】

孙叔敖担任楚国相,他快要死的时候告诫他的儿子说:"楚王多次要给我封地,我不接受。我死后,楚王就会赐封地给你们,你们千万不要接受肥沃的土地。楚越两地的中间有个地方叫寝邱,那里土地贫瘠而且地名也不好,但能够长期拥有的唯有这块土地。"孙叔敖死后,楚王果然把一块好地赐给他的儿子,他的儿子坚决不要,而向楚王请求寝邱这块薄地。结果好几代人都保有这块封地,而未被人侵夺。

汉代相国萧何,他家购买田产房屋一定要选择荒凉偏僻的地方,家里也很少进行房屋的建筑。萧何解释说:"如果我的后代贤能,他们就会学习我俭朴的作风;即便无能,田产也不会被有势力的大家族夺去。"

祖上多留钱财,后代必然怠惰

【原文】

太子太傅疏广乞骸骨归乡里,天子赐金二十斤,太子赠以五十斤。

广日令家具设酒食,请族人、故旧、宾客,相与娱乐。数问其家金余尚有几何,趣卖以共具。居岁余,广子孙窃谓其昆弟、老人、广所爱信者曰:"子孙冀及君时颇立产业基址,今日饮食费且尽,宜从大人所劝,说君买田宅。"老人即以闲暇时为广言此计。广曰:"吾岂老悖不念子孙哉!顾自有旧田庐,令子孙勤力其中,足以共衣食,与凡人齐。今复增益之,以为赢余,但教子孙怠惰耳。贤而多财则损其志,愚而多财则益其过。且夫富者,众之怨也。吾既亡,以教化子孙,不欲盖其过而生怨。"

【译文】

太子太傅疏广向朝廷请求告老还乡,皇上赐给他黄金二十斤,太子又赐给他五十斤。

疏广每天命家里人摆酒设宴,款待本族人、朋友和宾客,与这些人吃酒娱乐。他好几次向家里人询问金子还剩下多少,让家里人把金子都卖掉来治办酒食。这样过了一年多,子孙们悄悄对疏广所敬重和信任的亲友和疏广的兄长说:"子孙们都希望老人在朝廷的时候多挣下些产业田宅,现在家里将皇帝和太子赏赐的一点金子快要吃喝光了,他能够听从您的劝告,您应该劝说老人买一些田地房产,不要把钱都用于吃喝。"疏广的哥哥找机会把儿孙们的意思告诉给了疏广。疏广说:"我难道老糊涂了吗?我难道不懂得为儿孙们打算吗?我是觉得家里本来就有一些田地和房舍,如果他们能够勤俭持家,足够他们的吃喝穿戴,而且生活水平也能和一般人站齐。现在再给他们增添一些家产,他们就会以为家里很有钱,这样只能让那些儿孙们学得懒惰,没有什么好处。即便是贤惠的人,财产多了也会使他们觉得有依赖而丧失奋发向上的志向;如果是愚蠢的人,财产多了更会因为放纵而增添他们的过失。而且,一般来讲,有钱的人,容易招致别人的怨恨。我就要死了,应该教育他们懂得这些道理。我不愿去增加他们的过失,也不愿让他们成为别人怨恨的对象。"

留下清白给儿孙

【原文】

涿郡太守杨震,性公廉,子孙常蔬食步行。故旧长者,或欲令为开产业。震不肯,曰:"使后世称为清白吏子孙,以此遗之,不亦厚乎!"

【译文】

涿郡太守杨震,秉性公正廉洁,子孙经常粗食步行。杨震的亲朋好友和同乡长者都劝杨震为儿孙们置办些产业。杨震始终不肯,他说:"让我的儿孙后代被世人称为清廉官吏的子孙,将这样的美名留给子孙,这不是很丰厚的遗产么?"

儿孙自有儿孙福

【原文】

南唐德胜军节度使兼中书令周本,好施。或劝之曰:"公春秋高,宜少留余赀以遗子孙。"本曰:"吾系草,事吴武王,位至将相,谁遗之乎?"

【译文】

南唐德胜军节度使兼中书令周本乐善好施。有人劝他说:"您年纪已高,应留些财产给子孙后代。"周本说:"我当年穿着草鞋,跟随吴武王,后来官至将相,有谁留下财产给我呢?"

由俭入奢易,由奢入俭难

【原文】

近故张文节公为宰相,所居堂室,不蔽风雨;服用饮膳,与始为河阳书记时无异。其所亲或规之曰:"公月入俸禄几何,而自奉俭薄如此。外人不以公清俭为美,反以为有公孙布被之诈。"文节叹曰:"以吾今日之禄,虽侯服王食,何忧不足?然人情由俭入奢则易,由奢入俭则难。此禄安能常恃,一旦失之,家人既习于奢,不能顿俭,必至失所,曷若无失其常! 吾虽违世,家人犹如今日乎!"闻者服其远虑。此皆以德业遗子孙者也,所得顾不多乎?

【译文】

新近去世的张文节公担任宰相的时候,居住的房屋破旧到不能遮蔽风雨;衣服和膳食,也跟他担任河阳书记时没有什么两样。他的亲戚规劝他说:"你一个月的俸禄那么多,日常生活竟至如此俭朴。外人不但不把你的清廉俭朴看作美德,相反还以为你像公孙弘一样在沽名钓誉呢!"文节感叹地说:"凭我现在的俸禄,要想穿王侯的衣服、吃美味佳肴,何愁没有钱? 可是我知道人的性情一般都是由俭朴转向奢侈容易接受,由奢侈转为俭朴就很难适应。我现在的俸禄怎会永远保有? 一旦失去俸禄,家里的人已经习惯了奢侈的生活,不能马上转为俭朴,必然会出现问题。既然这样,哪如就保持这样的生活习惯呢! 这样,即便我离开人世,我的家人也还能像现在一样愉快地生活下去。"听者都佩服他的深谋远虑。这些例子都是长辈们把德行和事业留给子孙后代的典范,他们所得到的难道说不多吗?

福禄不要全占尽,留下一些给儿孙

【原文】

晋光禄大夫张澄,当葬父,郭璞为占墓地曰:"葬某处,年过百岁,位至三司,而子孙不蕃;某处,年几减半,位裁乡校,而累世贵显。"

澄乃葬其劣处,位止光禄,年六十四而亡。其子孙昌炽,公侯将相,至梁陈不绝,虽未必因葬地而然,足见其爱子孙厚于身矣。先公既登侍从,常曰:"吾所得已多,当留以子孙。"处心如此,其顾念后世不亦深乎!

【译文】

　　晋代光禄大夫张澄,安葬父亲的时候,颇懂占卜之术的郭璞为他占卜墓地说:"你父亲如果葬在甲地,你可以年过百岁,官至三司,但子孙后代却不兴旺。若葬在乙地,你的寿命要减去一半,而且只能担任乡学小官,可是你的子孙后代会显贵。"张澄就将父亲埋在不好的甲地,果然,他只做了光禄大夫,仅活了六十四岁就去世了。但是他的那些子孙后代都很兴旺发达,官至公侯将相的,至梁、陈时代都代有其人。尽管这些不一定只是因为葬地的缘故,但是从中足以看出张澄疼爱儿孙胜过爱护自己。先父做了侍从之后,常常说:"我本人得到的已经够多的了,应该留一些福禄给子孙后代。"他考虑得如此长远,顾念后世之情不也是很深的嘛!

温公家范　卷三

父

父子之间有礼有节

【原文】

陈亢向于伯鱼曰:"子亦有异闻乎?"对曰:"未也。尝独立,鲤趋而过庭。曰:学诗乎? 对曰:未也。不学诗无以言。鲤退而学诗。他日,又独立,鲤趋而过庭。曰:学礼乎? 对曰:未也。不学礼无以立。鲤退而学礼。"闻斯二者,陈亢退而喜曰:"问一得三,闻诗,闻礼,又闻君子之远其子也。"

【译文】

陈亢问伯鱼说:"孔夫子他老人家有没有什么奇闻逸事呢?"伯鱼回答说:"他老人家没有什么奇闻逸事,只是有一次我独自侍立,他的儿子鲤迈着小步快速经过厅堂,夫子问道:你学习《诗经》没有? 孔鲤回答说:没有。夫子教导他说:不学《诗经》就没有说话的权利。孔鲤便下去学习《诗经》。过了几天,我又独自侍立先生于侧,鲤又迈着小步快速经过厅堂,夫子问:你学习《礼》没有? 鲤回答说:没有。夫子教导说:不学习《礼》就不能立身。孔鲤便下去学习《礼》。"听了这两件事,陈亢出去后高兴地说:"我问了一件事,却懂得了三个道理:懂得了学《诗经》的道理,懂得了学《礼》的道理,同时又懂得了君子与他的子女之间应该是有礼有节的,不能随随便便的道理。

君子教子,遵之以道

【原文】

曾子曰:"君子之于子,爱之而勿面,使之而勿貌,遵之以道而勿强言;心虽爱之不形于外,常以严庄莅之,不以辞色悦之也。不遵之以道,是弃之也。然强之,或伤恩,故以日月渐摩之也。"

【译文】

曾子说:"君子对于他的子女,喜爱他们却不表露在脸上,支使他们也不露声色,让他们按道理做事情,但又不勉强他们。心里虽然很喜爱他们却不表露在外边,对待他们要严肃庄重,不能用和颜悦色来讨他们喜欢。不教育子女按道理做事,就会把他们引上邪路。然而如果一味地强迫他们做,又会损伤父子之间的和气。因此对待子女只能靠平时言传身教去慢慢引导他们。"

父子之间,不宜简慢

【原文】

北齐黄门侍郎颜之推《家训》曰:"父子之严,不可以狎;骨肉之爱,不可以简。简则慈孝不接,狎则怠慢生焉。由命士以上,父子异宫,此不狎之道也;抑搔痒痛,悬衾箧枕,此不简之教也。"

【译文】

北齐黄门侍郎颜之推在他写的《家训》中说:"父子之间应该严肃,不能随随便便,不能简慢。如果简慢随便,就会因怠慢而形不成父慈子孝,古人规定做官的人家,父子应该分开居住,这是养成父子之间不随随便便的方法;儿子要为父母按摩病痛,收拾被褥枕头等卧具,这是父子之间不生简慢的道理所在。"

人爱其子,当教子成人

【原文】

石碏谏卫庄公曰:"臣闻爱子教之以义方,弗纳于邪。骄奢淫逸,所自邪也。四者之来,宠禄过也。"自古知爱子不知教,使至于危辱乱亡者,可胜数哉!夫爱之,当教之使成人。爱之而使陷于危辱乱亡,乌在其能爱子也?人之爱其子者多曰:"儿幼,未有知耳,俟其长而教之。"是犹养恶木之萌芽,曰俟其合抱而伐之,其用力顾不多哉?又如开笼放鸟而捕之,解缰放马而逐之,曷若勿纵勿解之为易也!

《曲礼》:"幼子常视毋诳。"

"立必正方,不倾听。"

"长者与之提携,则两手奉长者之手。负剑辟咡诏之,则掩口而对。"

【译文】

石碏劝谏卫庄公说:"我听说父亲疼爱子女应该教给他们做人的正道,不使他们走上邪路。骄横奢侈,荒淫放纵,就会走上邪路。骄奢淫逸四种习惯都有,这是过分宠爱他们所造成的。"自古以来许多父亲都知道疼爱子女,却不懂得教育子女,以至于使他们危害他人,自取灭亡,这样的事例还少吗?

疼爱子女，就应当教育他们，培养他们成人。疼爱他们却让他们走上邪路，又怎能算得上疼爱他们呢？疼爱子女的那些人常常说："孩子小，不懂事，等他们长大后再来教育他们。"这就好比种了一棵不正的树苗，说等到树木长大后再来修剪它，那样费力不更多吗？又像打开鸟笼把鸟放走之后再去捉鸟，解开缰绳把马放走之后再去追它，与其这样，哪如事先就不放开鸟和马呢？

《礼记·曲礼》说："对于小孩子，要经常关注教导他，不要让他学会说假话和诳骗。"

又说："孩子从小要养成好的习惯，站立的时候一定要中正，不要斜着身子去倾听。"

又说："如果有长辈与你握手，你就要用两只手捧长辈的手。如果长辈俯下身和你说话，你要将自己的嘴用手挡住一点，然后再恭敬地说话。"

【原文】

《内则》："子能食食，教以右手。能言，男唯女俞。男鞶革，女鞶丝。六年，教之数与方名；七年，男女不同席，不共食；八年，出入门户及即席饮食，必后长者，始教之让；九年，教之数日。十年，出就外傅，居宿于外，学书计。十有三年，学乐、诵诗、舞勺。成童，舞象、学射御。"

【译文】

《礼记·内则》说：孩子会自己吃饭的时候，父母要教给他用右手拿筷子，会说话的时候，要教给他们应答，男孩答"唯"，女孩答"俞"。他们所用的佩囊，男的用皮革，女孩用丝缯，各代表武事和针黹之事。六岁的时候，教他们数数与记住东西南北这些方位的名称；七岁的时候，教给他们男女不能同坐，不能在一起吃东西。八岁的时候，告诉他们谦让之礼，出入门户以及上炕进餐，都要在长者之后。九岁的时候，要告诉他们朔望与天干地支的知识。十岁的时候，男孩子就要出去拜师求学，住宿在外边，学习六书九数。

十三岁的时候，要学习音乐、诗书和文舞。到了十五岁之后，就要学习武舞、射箭和驾驭车马。

曾子杀猪教子

【原文】

曾子之妻出外，儿随而啼。妻曰："勿啼！吾归，为尔杀豕。"妻归，以语曾子。曾子即烹豕以食儿，曰："毋教儿欺也。"

【译文】

曾子的妻子到外边去办事，儿子跟着她边走边哭。妻子说："别哭！等我回来给你杀猪吃猪肉。"妻子回来后，把这件事告诉了曾子。曾子就杀猪煮肉给孩子吃，他说："我之所以真的给他杀猪吃，是为了教给他不要欺骗人。"

近朱者赤，近墨者黑

【原文】

贾谊言：古之王者，太子始生，固举以礼，使士负之，过阙则下，过庙则趋，孝子之道也。故自为赤子，而教固已行矣。提孩有识，三公三少，固明孝、仁、礼、义。以道习之，逐去邪人，不使见恶行。于是皆选天下之端士、孝弟、博闻、有道术者，以卫翼之。使与太子居处出入。故太子乃生而见正事，闻正言，行正道，左右前后皆正人也。夫习与正人居之，不能毋正。犹生长于齐，不能不齐言也；习与不正人居之，不能毋不正，犹生长于楚，不能不楚言也。

【译文】

　　汉朝的贾谊说：古代的帝王教育太子，在太子一生下来的时候，就用符合礼法的行动来给他示范。让人抱着他，经过宫阙的时候就要表示礼貌，经过庙堂的时候就要小步快走，这是培养孝子之道啊！所以，帝王对于后代，孩子还是婴儿的时候，就已经开始对他进行教育了。在孩子懂事的时候，就要请太师、太傅、太保三公和少保、少傅、少师三少来教育太子，让他明白孝、仁、礼、义的道理。用道来教育太子，把那些心术不正的小人都赶走，不让太子见到坏事恶行。于是都挑选天下品行端正的人、讲究孝悌的人、学识渊博的人和有德行的人，来辅佐教育他。让这些人一起与太子居住出入。这样，太子从一生下来看到的就都是有德行的事，听到的就都是符合道义的话，走的就是正道，因为在他的周围都是些正人君子。道理很简单，每天和正人君子在一起，自己就自然会成为正人君子。这就好比你从小生长在齐地，就不可能不说齐地的方言；如果每天和那些邪恶的人在一起，你自己也就会成为邪恶的人，这就好比你从小生长在楚地，不能不讲楚地的方言一样。

教妇初来，教子婴孩

【原文】

　　《颜氏家训》曰：古者圣王，子生孩提，师保固明仁孝礼义，道习之矣。凡庶纵不能尔，当及婴稚，识人颜色，知人喜怒，便加教诲，使为则为，使止则止。比及数岁，可省笞罚，父母威严而有慈，则子女畏慎而生孝矣。吾见世间，无教而有爱，每不能然。饮食运为，恣其所欲，宜诫翻奖，应呵反笑，至有识知，谓法当尔。骄慢已习，方乃制之，捶挞至死而无威，忿怒日隆而增怨。逮于长成，终为败德。孔子云："少成若天性，习惯如自然"是也。谚云："教妇初来，教儿婴孩。"诚哉斯语！

【译文】

《颜氏家训》说:古代的帝王圣贤,孩子生下后,很小的时候,就有少师少保来负责教他孝仁礼义了。普通百姓虽然不能和皇家一样,也当在孩子小的时候,他能识人颜色,知人喜怒的时候,就加以教诲,叫他做什么他就做什么,叫他什么不能做他就不去做。这样几年后,可以不用体罚,父母既威严又有慈爱,子女因畏慎而产生孝心。但我看世上有许多人,只知道爱而不懂得教育,做不到这些。孩子的饮食行为,都随心所欲。做得不对应训诫的时候反而夸奖他,应当苛责的时候反而嬉笑,等孩子长大懂事后,还以为理法就是这样。骄慢的习惯已经养成,这时候大人才来管教他。就是打死他也不能建立尊长的威信,孩子的愤怒天天增长反而会增加他的怨恨。等孩子长大成人,终是德行不好。孔夫子说:"小时候形成的习惯就好像天性一样,习惯会成为自然。"所讲的就是这个道理。俗话说:"教育媳妇要从她初来时开始,教育孩子要从他小的时候开始。"这句话真是说得太正确了。

纠正孩子缺点,如同有病用药

【原文】

凡人不能教子女者,亦非欲陷其罪恶;但重于诃怒,伤其颜色,不忍楚挞惨其肌肤尔。当以疾病为喻,安得不用汤药针艾救之哉?又宜思勤督训者,岂愿苛虐于骨肉乎?诚不得已也。

王大司马母卫夫人,性甚严正。王在湓城,为三千人将,年逾四十,少不如意,犹捶挞之,故能成其勋业。

【译文】

那些不能好好教育子女的人,也不是存心要把子女陷入罪恶之中;只不过是不愿让子女因自己的责骂而感到脸上不好看,不忍心责打让子女皮肉受苦罢了。拿人生了病来作个比喻,人有病难道能不用汤药和针砭、艾熏来救治吗?我们反过来想一想那些勤于督促训导孩子的人,难道他们真是愿意让孩子受虐待吗?实在是不得已才这样做的啊。

大司马王僧辩的母亲魏太夫人,品性很严正,王僧辩在溢城(九江)担任军职,地位已相当高,年纪也四十多了,但稍有做得不对的地方,魏太夫人还是要打他,所以最后王僧辩能建功立业。

爱而不教,反害其子

【原文】

梁元帝时,有一学士,聪敏有才,少为父所宠,失于教义。一言之是,遍于行路,终年誉之;一行之非,掩藏文饰,冀其自改。年登婚宦,暴慢日滋,竟以语言不择,为周逖抽肠衅鼓云。然则爱而不教,适所以害之也。《传》称鸤鸠之养其子,朝从上下,暮从下上,平均如一。至于人,或不能然。《记》曰:父之于子也,亲贤而下无能。使其所亲果贤也,所下果无能也,则善矣。其溺于私爱者,往往亲其无能,而下其贤,则祸乱由此而兴矣。

【译文】

"梁元帝时有一个士人,从小聪明有才能,很受父亲宠爱,但家里没有很好地教育他。他只要有一句话说得有点理,他父亲就不断地夸奖他,一年到头到处与人谈论;一件事做错了,他父亲就百般为他掩饰,替他找各种借口,希望他自己慢慢能改正。后来这人长大成人之后,不好的品质越发展越严重,待人粗暴傲慢,最后终于因为讲话随便,触犯了有权势的周逖,而被周逖抽肠衅鼓,惨杀而死。这样看来,家长对子女如果一味溺爱而不懂得去教诲,恰恰是害了孩子。《左传》说:鸤鸠鸟在喂养孩子的时候,早晨从上到下轮流,晚上从下到上轮流,始终能平等对待,没有偏向。人反倒不能这样。《礼记》说:父亲对于子女,一般都是偏亲聪明有才干的,而对于才能差一些的就不太喜欢。如果为父亲的所偏亲的果真有才有德,不喜欢的果真是品行才能很差的,那还算是不错的;然而,有些做父亲的因溺于私爱,往往是偏亲那些无品行无才能的,而疏远品行端正有才能的。那么,家里的不和与祸乱就从此而生发了。

父母对待子女,不宜偏亲偏爱

【原文】

《颜氏家训》曰:人之爱子,罕亦能均。自古及今,此弊多矣。贤俊者自可赏爱,顽鲁者亦当矜怜。有偏宠者,虽欲以厚之,更所以祸之。共叔之死,母实为之;赵王之戮,父实使之。刘表之倾宗覆族,袁绍之地裂兵亡,可谓灵龟明鉴。此通论也。

【译文】

《颜氏家训》说:人们爱自己的儿子,很少能做到没有偏爱。从古代到现在,这种偏爱的毛病非常多,聪明懂事的孩子自然讨人喜爱,顽皮愚鲁的孩子也应当怜爱。偏爱虽然是喜欢他,盼他好,而事实上却是害了他。共叔的死,实际上是他母亲的过错;赵王后来被杀,也是他父亲偏宠偏爱造成的恶果;刘表和袁绍最终家破人亡,都可以作为偏爱子女的前车之鉴。

曾子终身不娶后妻

【原文】

曾子出其妻,终身不取妻。其子元请焉,曾子告其子曰:"高宗以后妻杀孝己，尹吉甫以后妻放伯奇。吾上不及高宗，中不比吉甫，庸知其得免于非乎？"

【译文】

曾子休掉了他的妻子，终身没有再娶。曾子的儿子曾经劝父亲再娶后妻，曾子对儿子说："殷高宗武丁因为后妻进谗言，害死了自己的儿子孝己；周宣王尹吉甫也因为娶了后妻的缘故，放逐了自己的儿子伯奇。我上比不上殷高宗，中比不上尹吉甫，怎么能保证娶了后妻而不发生祸乱呢？"

续娶后妻，极易败家

【原文】

后汉尚书令朱晖，年五十失妻。昆弟欲为继室。晖叹曰："时俗希不以后妻败家者。"遂不娶。今之人年长而子孙具者，得不以先贤为鉴乎！

【译文】

东汉尚书令朱晖，五十岁的时候死了妻子。兄长想为他续弦，他叹息道："现在，因为续娶后妻败家的事例很多。"于是不再续娶。如今那些年事已高且子孙满堂的人，难道能不以前代的贤人为榜样吗？

子不孝父不慈，其罪恶均等

【原文】

《内则》曰："子妇未孝未敬，勿庸疾怨，姑教之。若不可教，而后怒之。

不可怒,子放妇出而不表礼焉。"

【译文】

《内则》说:"儿子和媳妇不孝顺不恭敬,也不用怨恨,应该耐心地教育他们。如果不听教育,然后再去指责他们。指责了也不改正,就将儿子和媳妇赶出家门但不去明说他们违背了孝道。"

【原文】

君子之所以治其子妇,尽于是而已矣。今世俗之人,其柔懦者,子妇之过尚小,则不能教而嘿藏之。及其稍著,又不能怒而心恨之。至于恶积罪大,不可禁遏,则暗呜郁悒,至有成疾而终者。如此,有子不若无子之为愈也。其不仁者,则纵其情性,残忍暴戾,或听后妻之谗,或用嬖宠之计,捶扑过分,弃逐冻馁,必欲置之死地而后已。《康诰》称:"子弗祗服厥父事,大伤厥考心;于父不能字厥子,乃疾厥子。"谓之元恶大憝,盖言不孝不慈,其罪均也。

【译文】

君子对待儿子和媳妇的办法,就是这么个道理。如今世俗之人中的那些柔弱无能的父辈,在儿子、媳妇的过错还小的时候,不能及时教育,而是尽力去遮掩。等到他们的过失越来越大的时候,父母又不能发怒去责备他们。等到子女罪大恶极,不能遏制的时候,父母就忧愁苦闷,甚至有人积郁成病,含恨而死。如果这样,有子女还不如没子女好。另一方面,也有那些不仁不义的父亲,放纵自己的性情,残忍暴戾地对待子女,有的听信后妻的谗言,有的用亲信的计谋,对儿女过分捶打,或者把子女赶出家门,让他们挨饥受饿,必欲置之死地才肯罢休。《康诰》说:"子女不能孝顺父亲,就会大大伤害父亲的心;父亲不能够养育他的子女,就是仇恨子女。"这样的人可以称之为大恶人,这段话大概是说子女不孝顺和父亲不慈祥,他们的罪恶一样大。

母

慈母败子

【原文】

为人母者,不患不慈,患于知爱而不知教也。古人有言曰:"慈母败子。"爱而不教,使沦于不肖,陷于大恶,入于刑辟,归于乱亡。非他人败之也,母败之也。自古及今,若是者多矣,不可悉数。

【译文】

为人之母,不怕不慈祥,怕的是只知道疼爱子女而不懂得去教育子女。古人说:"慈母败子。"母亲溺爱子女却不能教育子女,使子女沦为坏人,陷入恶迹劣行,最终受到惩罚,引出祸乱,自取灭亡。毁他的并非他人,恰恰是做母亲的害了他。从古到今,这样的例子太多了,不可胜数。

古代圣贤重胎教

【原文】

周大任之娠文王也,目不视恶色,耳不听淫声,口不出敖言。文王生而明圣,卒为周宗。君子谓大任能胎教。古者妇人任子,寝不侧,坐不边,立不跸,不食邪味,割不正不食,席不正不坐,目不视邪色,耳不听淫声。夜则令瞽诵诗,道正事。如此,则生子形容端正,才艺博通矣。彼其子尚未生也,固已教之,况已生乎!

【译文】

周文王的母亲怀周文王的时候,眼睛不看不好的颜色,耳朵不听淫荡的声音,嘴里不说戏谑调笑的语言。因此,文王生下来就明白贤圣,最终成为开创周代功业的一代圣主。有才德的人认为妇女在怀孕的时候可以胎教,古代的妇女在怀孕的时候,睡觉不侧卧,不在靠边的地方坐,不一只脚站立,不吃乱七八糟的东西。食物切得不端正不吃,炕席铺得不正不坐,眼睛不看不好的颜色,耳朵不听淫荡的声音。晚上让盲人朗诵诗,谈论正事。这样,生下的孩子相貌体形端正,才能出众。人家的孩子还没有出生,就已经开始教育了,而况出生之后呢?

孟母三迁教子

【原文】

孟轲之母,其舍近墓,孟子之少也,嬉戏为墓间之事,踊跃筑埋。
孟母曰:"此非所以居之也。"乃去。舍市傍,其嬉戏为衒卖之事。孟母又曰:"此非所以居之也。"乃徙。舍学宫之傍,其嬉戏乃设俎豆揖让进退。孟母曰:"此真可以居子矣!"遂居之。孟子幼时问东家杀猪何为,母曰:"欲啖汝。"既而悔曰:"吾闻古有胎教,今适有知而欺之,是教之不信。"乃买猪肉食。既长就学,遂成大儒。彼其子尚幼也,固已慎其所习,况已长乎!

【译文】

孟轲的母亲家住在靠近墓地的地方,孟轲小时候就常玩些挖墓埋死人的游戏,而且玩得非常起劲。母亲就说:"此处不适合居住。"于是将家搬走,迁居到集市旁边,于是孟轲又以学习商贩吆喝叫卖为游戏。

孟母又说:"这里也不适合居住。"就又举家迁徙,搬到学校旁边的房舍里,这样孟子就玩些祭祀、揖让、进退的有关礼仪方面的游戏。孟母高兴地说:"这里才是居住的好地方。"于是就在这里安居。孟子小时候问母亲邻居为什么要杀猪,母亲回答说:"给你吃肉。"说完又后悔了,心想:"我听说古人就很注重胎教,现在孩子刚懂事,我就欺骗他,这是教他不讲信用。"因此为了证明自己说话算数,孟母就买猪肉给孟子吃。孟子长大后读书学习,终于成为博学多才的大学问家。孟母在孩子小的时候,就认真培养儿子的好习惯,何况在儿子长大之后呢?

为子待客,其母断发

【原文】

汉丞相翟方进继母随方进之长安,织履,以资方进游学。

晋太尉陶侃,早孤贫,为县吏番阳,孝廉范逵尝过侃,时仓卒无以待宾。其母乃截发,得双髢以易酒肴。逵荐侃于庐江太守,召为督邮,由此得仕进。

【译文】

汉代的丞相翟方进求学的时候,他的继母跟随他到长安,靠编草鞋赚钱来资助方进拜师求学。

晋代太尉陶侃,从小丧父,家里很穷,他担任番阳县吏之时,孝廉范逵来家探访。一时间家里没有东西招待客人,他的母亲就剪掉头发,用头发换来酒肴招待客人。后来,范逵向庐江太守推荐陶侃,太守就任命陶侃为督邮,陶侃从此进身仕途。

儿子交友不善，母亲拒绝吃饭

【原文】

后魏钜鹿魏缉母房氏，缉生未十旬，父溥卒。母鞠育不嫁，训导有母仪法度。缉所交游，有名胜者，则身具酒馔。有不及己者，辄屏卧不餐，须其悔谢乃食。

【译文】

后魏时候钜鹿魏缉的母亲房氏，魏缉刚生下来还不到十旬，他的父亲魏溥就死了。魏缉的母亲为了养育魏缉，不再改嫁，魏母教育孩子颇知礼仪法度。魏缉在外边结交的人如果是有好名声的，来家做客，魏母就亲自准备酒食，款待客人。如果是品德修养差的人，她就睡在屏风后面，不出来吃饭，一定要在事后儿子表示悔恨，向她谢罪，她才肯吃饭。

不以肥鲜所动，教子勤学读书

【原文】

唐侍御史赵武孟，少好田猎，尝获肥鲜以遗母。母泣曰："汝不读书，而田猎如是，吾无望矣！"竟不食其膳。武孟感激勤学，遂博通经史，举进士，至美官。

【译文】

唐代侍御史赵武孟，少年的时候喜欢打猎。有一次捕获了一些又肥又鲜的猎物，他将猎物献给母亲。母亲不但没有高兴，反而哭着说："你不读书，却去无休止地打猎，我没有指望了！"于是不吃饭。武孟为母亲的教诲所感动,开始勤奋学习,终于博通经史,考中进士,当了大官。

劝子苦读,口含黄连

【原文】

天平节度使柳仲郢母韩氏,常粉苦参、黄连和以熊胆以授诸子,每夜读书使嚼之,以止睡。

【译文】

天平节度使柳仲郢的母亲韩氏,常常浸泡苦参、黄连和熊胆,交给几个儿子,儿子们每天晚上读书的时候,她就让他们将这些东西含在嘴里,用这个办法来制止他们打瞌睡。

苟得钱财,不如正己立名

【原文】

太子少保李景让母郑氏,性严明,早寡家贫,亲教诸子。久雨,宅后古墙颓陷,得钱满缸。奴婢喜,走告郑。郑焚香祝之曰:"天盖以先君余庆,愍妾母子孤贫,赐以此钱。然妾所愿者,诸子学业有成,他日受俸,此钱非所欲也。"亟命掩之。此唯患其子名不立也。

【译文】

太子少保李景让的母亲郑氏秉性严明,年轻时就守了寡,家里也很贫穷,她就亲自教育子女。一次,因为下了很久的雨,房屋后面的古墙倒塌,露出满满一缸钱。奴婢发现后非常高兴,连忙跑去告诉郑氏。郑氏烧香祈祷:

"大概是因为孩子的父亲生前积下阴德,上帝可怜我们母子孤寡贫穷,赐给我们这些钱。然而我所希望的只是孩子们学业有成,将来做官得到俸禄,这些钱并不是我想要的。"祈祷毕,她立刻命令奴婢将钱掩埋。郑氏这样做就是担心子女将来不能立名。

【原文】

齐相田稷子受下吏金百镒,以遗其母。母曰:"夫为人臣不忠,是为人子不孝也。不义之财,非吾有也。不孝之子,非吾子也。子起矣。"稷子遂惭而出,反其金而自归于宣王,请就诛。宣王悦其母之义,遂赦稷子之罪,复其位,而以公金赐母。

【译文】

齐国丞相田稷子接受了部下送给他的一百镒金子,回家之后他把这些金子交给母亲。母亲说:"做为人的臣子而不忠诚,就等于是为人之子而不孝顺。你这些不义之财,我不要。你这个不孝之子,也不是我的儿子,你走吧!"田稷子十分羞愧地离开家,将那一百镒金子还给部下,自己到齐宣王那里请求皇上杀头治罪。宣王欣赏他母亲的深明大义,于是就赦免了他的罪过,让他仍任原职,而且还从国库里拿出一些金子赏赐给他的母亲。

隽母教子:为吏不可贪残

【原文】

汉京兆尹隽不疑,每行县录囚徒,还,其母辄问不疑,有所平反,活几何人耶?不疑多有所平反,母喜,笑为饮食,言语异于它时。或亡所出,母怒,为不食。故不疑为吏严而不残。

【译文】

汉代京兆尹隽不疑,每次下去验收登记囚徒返回来的时候,母亲总要询问隽不疑,这次有没有平反的囚徒,你救了几个被冤枉的人?如果隽不疑平反得多,母亲就高兴,有说有笑地吃饭,说起话来也与平时不一样。有时,隽不疑说没有囚徒得到平反,母亲就不高兴,拒绝用餐。

正因为这样,隽不疑作为官吏,虽然严厉,但并不残酷。

教子为官廉洁

【原文】

吴司空孟仁尝为监鱼池官,自结网捕鱼作鲊寄母。母还之曰:"汝为鱼官,以鲊寄母,非避嫌也!"

【译文】

三国时东吴的司空孟仁曾经担任监鱼池官,他亲自结网捕鱼,将捕获的鱼制成腌鱼,然后寄给母亲。母亲退还给他说:"你身为鱼官,却把腌鱼寄给你的母亲,你没有做到当官应该避嫌疑!"

【原文】

晋陶侃为县吏,尝监鱼池,以一坩鲊遗母。母封鲊责曰:"尔以官物遗我,不能益我,乃增吾忧耳。"

【译文】

晋代陶侃担任县吏,曾经监管鱼池,他将一些腌鱼送给母亲,母亲不接受,还责备他说:"你将公家的东西送给我,不但对我没有好处,相反还会增加我的忧虑。"

郑母有节操,儿子为清官

【原文】

隋大理寺卿郑善果母翟氏,夫郑诚讨尉迟迥战死。母年二十而寡,父欲夺其志。母抱善果曰:"郑君虽死,幸有此儿。弃儿为不慈,背死夫为无礼。"遂不嫁。善果以父死王事,年数岁拜持节大将军,袭爵开封县公,年四十授沂州刺史,寻为鲁郡太守。母性贤明,有节操,博涉书史,通晓政事。每善果出听事,母辄坐胡床,于障后察之。闻其剖断合理,归则大悦,即赐之坐,相对谈笑;若行事不允,或妄嗔怒,母乃还堂,蒙袂而泣,终日不食。善果伏于床前不敢起。母方起,谓之曰:"吾非怒汝,乃惭汝家耳。吾为汝家妇,获奉洒扫,知汝先君忠勤之士也,守官清恪,未尝问私,以身殉国。继之以死,吾亦望汝副其此心。

汝既年小而孤,吾寡耳,有慈爱无威,使汝不知礼训,何可负荷忠臣之业乎?汝自童稚袭茅土,汝今位至方岳,岂汝身致之邪?不思此事而妄加嗔怒心缘骄乐,堕于公政,内则坠尔家风,或失亡官爵;外则亏天子之法,以取辜戾。吾死日,何面目见汝先人于地下乎?"母恒自纺绩,每至夜分而寝。善果曰:"儿封侯开国,位居三品,秩俸幸足,母何自勤如此?"答曰:"吁!汝年已长,吾谓汝知天下理,今闻此言,故犹未也。至于公事,何由济乎?今此秩俸,乃天子报汝先人之殉命也,当散赡六姻,为先君之惠,奈何独擅其利,以为富贵乎?又丝枲纺绩,妇人之务,上自王后,下及大夫士妻,各有所制,若堕业者,是为骄逸。吾虽不知礼,其可自败名乎?"

自初寡,便不御脂粉,常服大练,性又节俭,非祭祀、宾客之事,酒肉不妄陈其前;静室端居,未尝辄出门阁。内外姻戚有吉凶事,但厚加赠遗,皆不诣其门。非自手作,及庄园禄赐所得,虽亲族礼遗,悉不许入门。善果历任州郡，内自出馔，于廨中食之，公廨所供皆不许受，悉用修理公宇及分僚佐。善果亦由此克己，号为清吏，考为天下最。

【译文】

隋代大理寺卿郑善果的母亲翟氏，丈夫郑诚征讨尉迟迥时战死。翟氏年方二十岁就守了寡，父亲想让她改嫁，翟氏抱着儿子善果说："郑君虽然已死，但是幸亏还有一个儿子。抛弃儿子就是不慈爱，背叛死去的丈夫就是无礼。"于是不再嫁人。善果因为父亲为国而死，年仅几岁就被封为持节大将军，袭开封县公的爵位，四十岁就担任忻州刺史，不久又为鲁郡太守。善果的母亲秉性贤良，颇有节操，博览书史，通晓政事。善果每次出去处理公事，母亲就座在胡床上，躲在屏障后暗中观察。听到儿子分析裁断合理，回家就非常高兴，让儿子坐在身旁，母子俩说说笑笑。如果儿子办事不公允，或者无端发怒，母亲回到屋里，就蒙面而哭，整天不吃饭。善果跪在母亲床前不敢起来。母亲这才起来，对他说："并不是我对你发怒，只是为你家感到羞愧。我是你家的媳妇，能在你家洒扫侍奉，知道你父亲是个忠诚勤奋的人，为官清廉，未尝营私，最终以身殉国，我也指望你继承你先父的遗志。你年幼丧父，我丧夫守寡，有慈无威，使你不懂得礼训，你又怎能胜任忠臣的事业？你自孩童之时就承袭封位，如今位至地方官，这难道是你自己努力所获得的吗？

不去想想这些事情，却妄加发怒，心里想着骄奢取乐，怠于公务。对于家里你是败坏家风，甚至会导致失去官位袭爵；在外则违背天子的王法，自取灭亡。我死后，你又有何脸面去见你的父亲呢？"善果的母亲经常纺纱织布，直至深夜方才睡觉。善果便问："我封侯开国，位至三品，俸禄丰厚，母亲为何还要如此勤劳？"母亲回答说："唉！你已长大，我以为你懂得道理了。如今听你这话，才知道你还是不懂道理。你这个样子，又怎么能干好公事呢？你现在的俸禄，是皇帝对你父亲为国捐躯的厚报，应当将这些好处散发给六亲，以示你父亲的恩惠，为何你只想着独享其利，谋求个人的富贵呢？

再说纺纱织布,是妇人的本职,上自王后,下至士大夫之妻,各有应该干的事。如果停止纺纱织布,就是贪图安逸。我虽然不懂得礼法,可是怎么能败坏郑家的名声呢?"

翟氏从守寡开始,就不再涂脂抹粉,经常穿粗布衣服。她秉性节俭,除了祭祀或宴请宾客,吃饭一般不摆放酒肉。平时只静静地独自待在家里,未曾离开房门一步。内外亲戚有什么吉凶事情,她都要赠送厚礼,但从不亲自登门。不是亲手制作的东西,以及庄园出产或皇上赏赐给的东西,即便是亲戚朋友赠送的礼品,她都一概不许拿进家门。善果担任各地州郡长官,都由自己家提供饮食,他拿到衙门里去吃,官署所提供的,都不接受,都用作修理官舍,或者分给下边的官员僚属。善果也因此克己奉公,被称为清廉的官吏,被考评为全国最好的官员。

为官贪赃,与强盗无异

【原文】

唐中书令崔玄,初为库部员外郎,母卢氏尝戒之曰:"吾尝闻姨兄辛玄驭云:儿子从官于外,有人来言其贫窭不能自存,此吉语也;言其富足,车马轻肥,此恶语也。吾尝重其言。比见中表仕宦者,多以金帛献遗其父母。父母但知忻悦,不问金帛所从来。若以非道得之,此乃为盗而未发者耳,安得不忧而更喜乎?汝今坐食俸禄,苟不能忠清,虽日杀三牲,吾犹食之不下咽也。"玄由是以廉谨著名。

【译文】

唐代中书令崔玄,起初担任库部员外郎,母亲卢氏经常告诫他说:"我曾经听姨兄辛玄驭对我说:儿子在外边做官,如果有人来说他贫穷不能自存,这是好事儿;如果说他十分富裕,车轻马肥,那就是坏话。我很重视姨兄的这些话。常见那些做官的表兄表弟,多拿回金银布帛送给他们的父母。父母只知道高兴,却不问金银布帛从何而来。若是他们通过不正当的途径得来,那就好比做了强盗未被发现一样,这怎么能叫人不发愁反倒高兴呢?你现在拿了国家的俸禄,如果不能忠诚、清廉,即便是每天给我杀猪宰羊,我也吃不下去啊!"玄在母亲的教育下,以为官清廉、谨慎闻名于当时。

母亲高义,感动三军

【原文】

李景让,宦已达,发斑白,小有过,其母犹挞之。景让事之,终日常兢兢。及为浙西观察使,有左右都押牙忤景让意,景让杖之而毙。军中愤怒,将为变。母闻之。景让方视事,母出,坐厅事,立景让于庭下而责之曰:"天子付汝以方面,国家刑法,岂得以为汝喜怒之资,妄杀无罪之人乎?万一致一方不宁,岂惟上负朝廷,使垂老之母衔羞入地,何以见汝先人乎?"命左右褫其衣坐之,将挞其背。将佐皆至,为之请。不许。将佐拜且泣,久乃释之。军中由是遂安。此惟恐其子之入于不善也。

【译文】

李景让,在官场上已很显赫了,而且头发已花白,年纪也很大了,然而,只要稍有过错,母亲仍旧要鞭挞他。景让侍奉母亲,整天战战兢兢。景让担任浙西观察使时,有个部下违背了他的意愿,他就将其杖责致死。军士愤怒,眼看就要哗变。母亲听说了这件事后,景让处理公务的时候,母亲就走出来坐在厅堂之上,命景让站在庭下,然后斥责说:"皇帝将一方的军政事务交给你,国家刑法,怎么能作为你随意发泄喜怒哀乐的资本而去枉杀无罪之人呢?万一引起一方的动乱,何止是上负朝廷,而且使你垂老之母含羞入地,我又有何面目去见你的先人呢?"就命手下剥去他的衣服,摁翻在地,准备鞭打他。这时,军中将领都来了,都为他求情,母亲不答应。将领们一边拜一边哭泣哀求,过了很久母亲方才同样释放李景让。军中因此才安定下来。李母这样做是担心儿子走上不仁不善的邪路。

儿为正义死,慈母不落泪

【原文】

汉汝南功曹范滂坐党人被收,其母就与诀曰:"汝今得与李杜齐名,死亦何恨!既有令名,复求寿考,可兼得乎?"滂跪受教,再拜而辞。

【译文】

汉代汝南功曹范滂受党人牵连被收执,他的母亲于是与他诀别,说:"你为正义而死,得以与李杜齐名,死又有什么遗憾的呢?你既已获得了名节,还怎么去追求长寿呢,这二者岂可都占全呢?"范滂跪地领受教诲,向母亲拜了两拜,辞别而去。

【原文】

魏高贵乡公将讨司马文王,以告侍中王沈、尚书王经、散骑常侍王业。沈、业出走告文王,经独不往。高贵乡公既薨,经被收。辞母,母颜色不变,笑而应曰:"人谁不死,但恐不得死所,以此并命,何恨之有?"

【译文】

魏高贵乡公准备征讨司马文王,他把这个打算告诉了侍中王沈、尚书王经、散骑常侍王业。王沈和王业出来后,就跑到司马文王那儿告了密,唯独王经没有去。后来,高贵乡公去世,王经于是被收执。王经去和母亲告别,母亲脸色不变,笑着说:"人哪有不死的,只怕死得不值得,你为正义而死,又有什么遗憾的呢?"

为成子名,母不避祸

【原文】

唐相李义府专横,侍御史王义方欲奏弹之,先白其母曰:"义方为御史,视奸臣不纠则不忠,纠之则身危而忧及于亲,为不孝;二者不能自决,奈何?"母曰:"昔王陵之母杀身以成子之名,汝能尽忠以事君,吾死不恨。"此非不爱其子,惟恐其子为善之不终也。然则为人母者,非徒鞠育其身使不罹水火,又当养其德使不入于邪恶,乃可谓之慈矣!

【译文】

唐朝宰相李义府专横跋扈,侍御史王义方想弹劾他,先告诉母亲说:"我身为御史,看见奸臣而不去弹劾是对皇上不忠;若弹劾他,那么自己危险又会使亲人担忧,这是对母亲不孝。这两者我无法作出决断,怎么办才好呢?"母亲说:"昔日王陵的母亲自杀以成全儿子的名声,你能以忠诚事君报国,我死而无恨。"这并不是不喜爱儿子,是担心儿子不能自始至终做好事。为人之母,她的责任并非只是抚养儿子长大,使他不遭水、火之灾,还应当培养他的品德,使他不走上邪路,这才称得上是慈母。

慈爱之道,义感人神

【原文】

汉明德马皇后无子,贾贵人生肃宗。显宗命后母养之,谓曰:"人未必当自生子,但患爱养不至耳。"后于是尽心抚育,劳瘁过于所生。

肃宗亦孝性淳笃,恩性天至,母子慈爱,始终无纤介之间。古今称之,以为美谈。

【译文】

汉明德马皇后自己没生儿子,贾贵人生下了肃宗。显宗命后母抚养肃宗,并且说:"人不一定只有自己生的孩子才感情好,只怕你爱护养育的恩情不够啊!"后母于是尽心竭力地抚养肃宗,其辛劳的程度超过了亲生子。

肃宗对待后母也非常诚恳孝顺,自然就产生了养育之恩,他们母子慈爱,始终没有一点隔阂。这件事古今传诵,成为美谈。

【原文】

隋番州刺史陆让母冯氏,性仁爱,有母仪。让即其孽子也,坐赃当死。将就刑,冯氏蓬头垢面诣朝堂,数让罪,于是流涕呜咽,亲持杯粥劝让食,既而上表求哀,词情甚切。上愍然为之改容,于是集京城士庶于朱雀门,遣舍人宣诏曰:"冯氏以嫡母之德,足为世范,慈爱之道,义感人神。特宜矜免,用奖风俗。让可减死,除名。"复下诏褒美之,赐物五百段,集命妇与冯相识,以旌宠异。

【译文】

隋朝刺史陆让的母亲冯氏,生性仁爱,有慈母的风范。陆让是她的庶子,犯了贪赃枉法的罪,应当被处死,即将受刑的时候,冯氏蓬头垢面来到朝堂,首先数落陆让的罪行,流涕痛哭,亲自捧着一碗粥劝陆让吃,接着上书皇上哀求,言词悲哀,情真意切。皇上怜悯而为之改变了态度,于是召集京城的士庶官员来到朱雀门,由舍人宣读诏书:"冯氏以非亲生母亲的身份善待庶子的品德,足以成为世人的典范,她的慈爱之道,义感人神。应当嘉奖勉励,以净化风俗。陆让可以免去死罪,予以除名。"又下诏褒奖冯氏,赏赐五百段布帛,还召集那些有身份的妇女与冯氏认识,以示对她的特殊恩宠。

母亲心存大义,以己子救人子

【原文】

齐宣王时,有人斗死于道,吏讯之。有兄弟二人,立其傍,吏问之。

兄曰:"我杀之。"弟曰:"非兄也,乃我杀之。"期年,吏不能决,言之于相。相不能决,言之于王。王曰:"今皆舍之,是纵有罪也;皆杀之,是诛无辜也。寡人度其母能知善恶。试问其母,听其所欲杀活。"相受命,召其母问曰:"母之子杀人,兄弟欲相代死。吏不能决,言之于王。王有仁惠,故问母何所欲杀活。"其母泣而对曰:"杀其少者。"相受其言,因而问之曰:"夫少子者,人之所爱,今欲杀之,何也?"

其母曰:"少者,妾之子也;长者,前妻之子也。其父疾且死之时属于妾曰:善养视之。妾曰:诺!今既受人之托,许人以诺,岂可忘人之托而不信其诺耶?且杀兄活弟,是以私爱废公义也。背言忘信,是欺死者也。失言忘约,已诺不信,何以居于世哉?予虽痛子,独谓行何!"泣下沾襟。相人,言之于王。王美其义,高其行,皆赦。不杀其子,而尊其母,号曰"义母"。

【译文】

齐宣王的时候,有人打架斗殴,死在路上,官吏前来调查。有兄弟二人站在旁边,官吏询问他们。

哥哥说:"人是我杀死的。"弟弟说:"不是哥哥,是我杀的。"整整一年,官吏不能决断,就把这事告知宰相,宰相也无法决断,就禀报了齐宣王。宣王说:"如果放过他们,就是放纵犯罪的人;如果都杀掉,就会妄杀无辜之人。我估计他们的母亲能知道谁好谁坏。问问他们的母亲,听听她对谁死谁活的意见。"宰相受命,召见他们的母亲,说:"你的儿子杀了人,兄弟两人都想相互代替赴死,官吏不能决断,告知宣王,宣王很仁义,让我来问问你想杀谁活谁?"母亲哭着说:"杀掉年纪小的。"宰相听后,反问说:"小儿子是父母最疼爱的,而你却想杀掉他,这是为什么呢?"

母亲回答说:"年少的,是我亲生的儿子,年长的是丈夫前妻的儿子,丈夫得病临死之时将他托付给我说:好好地抚养他。我答应说是。既然受人之托,答应了人,又怎能忘人之托而失信于自己的诺言呢?再说杀兄活弟,是以个人私爱败坏公义道德;背言失信,是欺骗死去的丈夫。既然失言忘约,不守信用,又怎能在社会上立身处世呢?我虽然疼爱自己的儿子,却怎么能不顾道义德行呢?"说罢痛哭流涕。宰相入朝后把情形禀报了齐宣王。宣王赞叹这位母亲的德行高义,于是赦免了她的两个儿子。不但不杀她的儿子,还尊崇这位母亲,称这位母亲为"义母"。

后母贤惠,后子也孝顺

【原文】

魏芒慈母者,孟杨氏之女,芒卯之后妻也,有三子。前妻之子有五人,皆不爱慈母。遇之甚异,犹不爱慈母。乃令其三子不得与前妻之子齐衣服、饮食。进退、起居甚相远。前妻之子犹不爱。于是,前妻中子犯魏王令,当死。慈母忧戚悲哀,带围减尺。朝夕勤劳,以救其罪。人有谓慈母曰:"子不爱母至甚矣,何为忧惧勤劳如此?"慈母曰:"如妾亲子,虽不爱妾,妾犹救其祸而除其害。独假子而不为,何以异于凡人?且其父为其孤也,使妾而继母。继母如母,为人母而不能爱其子,可谓慈乎?亲其亲而偏其假,可谓义乎?不慈且无义,何以立于世?彼虽不爱妾,妾可以忘义乎?"遂讼之。魏安厘王闻之,高其义,曰:"慈母如此,可不赦其子乎?"乃赦其子而复其家。自此之后,五子亲慈母雍雍若一。慈母以礼义渐之,率导八子,咸为魏大夫卿士。

【译文】

　　魏时的芒慈母,是孟杨氏的女儿,芒卯的后妻。她与芒卯生了三个孩子。芒卯的前妻留下五个孩子,他们都不爱戴后母。尽管芒慈母对他们五人非常好,但他们仍然不爱戴她。于是,芒慈母让自己的三个孩子不能与前妻的五子穿一样的衣服,吃一样的饭食,即便是起居、进退也对前妻的五子给予特殊的照顾。可是前妻的孩子仍然不能与她慈爱相处。正在这时,前妻的一个孩子违犯了魏王的命令,要被处死。芒慈母为此忧愁悲哀,消瘦了许多。她一天到晚奔波,想办法拯救这个孩子。有人对芒慈母说:"儿子不爱他的母亲已经到了这个地步,你为什么还这样为他忧愁勤劳呢?"芒慈母说:"假如是我的亲生子的话,他即使不爱我,我也肯定会救他于危难之中。单单对非亲生子不能这样,那与不懂礼数的一般人有什么区别呢?况且他们的父亲因为他们失去了母亲,才把他们托付给我。继母就是母亲,做为人的母亲却不能爱自己的孩子,这能算得上是慈爱之举吗?亲自己的亲生子,而偏废前妻的孩子,这能算是义举吗?既失了慈又不讲义,还怎么立身于世上呢?尽管他们不喜爱我,而我又怎么能不顾道义呢?"于是,她为前妻子诉讼辩罪。魏安厘王听说了这件事后,赞叹芒慈母的德行义举,并说:"后母有这样的高义,怎么能不赦免她的孩子呢?"于是赦免了芒慈母的孩子,恢复他们完整的家庭。从此之后,这五个孩子都非常亲善孝顺后母,芒慈母即以礼义来教育引导他们。在芒慈母的训导下,芒慈母家的八个孩子都成了魏国的大夫卿士。

【原文】

汉安众令汉中程文矩妻李穆姜,有二男,而前妻四子以母非所生,憎毁日积。而穆姜慈爱温仁,抚字益隆,衣食资供,皆兼倍所生。或谓母曰:"四子不孝甚矣,何不别居以远之?"对曰:"吾方以义相导,使其自迁善也。"及前妻长子兴疾困笃,母恻隐,亲自为调药膳,恩情笃密。兴疾久乃瘳,于是呼三弟谓曰:"继母慈仁,出自天爱,吾兄弟不识恩养,禽兽其心。虽母道益隆,我曹过恶亦已深矣!"遂将三弟诣南郑狱,陈母之德,状己之过,乞就刑辟。县言之于郡。郡守表异其母,蠲除家徭,遣散四子,许以修革。自后训导愈明,并为良士。今之人,为人嫡母而疾其孽子,为人继母而疾其前妻之子者,闻此四母之风,亦可以少愧矣?

【译文】

汉代安众令汉中程文矩的妻子李穆姜,有两个儿子,而丈夫前妻的四个儿子认为李穆姜不是生身母亲,便越来越憎恶她。可是穆姜慈爱温和,抚养他们更加尽心尽力,给他们分配衣食的时候,总是比给她的亲生儿子多。有人劝她说:"这四个孩子这么不孝顺,你为何不迁居别处远离他们呢?"穆姜说:"我正以仁义道德诱导他们,让他们自己弃恶向善。"后来,丈夫前妻的长子兴疾得了重病,境况十分困顿,穆姜很同情他,亲自为他熬药调膳,恩情甚深。这样过了很久,性疾康复之后,他叫来三个弟弟,对他们说:"继母慈祥仁爱,出自天性。我们兄弟不懂得她的恩养之情,心如禽兽,继母的仁爱日渐加深,而我们的罪过也更加深重了!"于是他带着三个弟弟来到南郑监狱,陈述继母的优良品德,供述自己的罪过,请求官府治罪。县令将这件事禀报郡守,郡守没有治他们的罪,还表彰他们的后母,免除他们的徭役,令他们兄弟回家,允许他们改过自新。此后穆姜训导儿子愈加严明,这兄弟几个后来都成了为人们所称道的良士。现在那些做为人的嫡母,却不善待非亲生子;作为人的继母而不善待前妻之子的,听了以上四位母亲的事迹,难道一点惭愧都没有吗?

【原文】

鲁师春姜嫁其女,三往而三逐。春姜问其故。以轻侮其室人也。春姜召其女而笞之,曰:"夫妇人以顺从为务。贞悫为首。今尔骄溢不逊以见逐,曾不悔前过。吾告汝数矣,而不吾用。尔非吾子也。"笞之百,而留之三年。乃复嫁之。女奉守节义,终知为人妇之道。令之为母者,女未嫁,不能诲也。既嫁,为之援,使挟己以凌其婿家。及见弃逐,则与婿家斗讼。终不自责其女之不令也。如师春姜者,岂非贤母乎?

【译文】

鲁师春姜嫁出去自己的女儿,三次送到婆家,三次都被赶回了娘家。春姜询问婆家这是为什么,婆家的人回答说:"你的女儿经常轻慢、侮辱婆家的人。"于是春姜把女儿叫来,一边鞭打,一边教训说:"作为人妇最大的美德就是要顺从,而且首先要忠贞诚实,现在你因为傲慢无礼被驱逐回家,几次都不能悔过。我已经和你讲过好几次了,你却不能听我的话。既然这样,你就不是我女儿了。"鞭打女儿上百下,并留女儿在家住了三年。三年后再次出嫁,女儿恪守礼义,终于知道为人妇的道理了。现在的做母亲的却往往做不到这些,女儿在未出嫁之前就不能教诲;既出嫁之后,又做女儿的后台,让女儿依仗娘家的势力去欺凌女婿家。等到女儿被婆家驱逐回娘家,则又兴师动众,与人家打斗或公堂争讼。就是不去责怪自己的女儿不守妇道。这样对比起来,师春姜难道不能被称为贤母吗?

温公家范　卷四

子上

百善孝为先

【原文】

《孝经》曰："夫孝，天之经也，地之义也，民之行也。天地之经，而民是则之。"又曰："不爱其亲而爱他人者，谓之悖德；不敬其亲而敬他人者，谓之悖礼。以顺则逆，民无则焉。不在于善，而皆在于凶德。虽得之，君子不贵也。"又曰："五刑之属三千，而罪莫大于不孝。"

孟子曰："不孝有五：惰其四支，不顾父母之养，一不孝也；博弈好饮酒，不顾父母之养，二不孝也；好货财，私妻子，不顾父母之养，三不孝也；从耳目之欲，以为父母戮，四不孝也；好勇斗狠以危父母，五不孝也。"夫为人子，而事亲或亏，虽有他善累百，不能掩也，可不慎乎！

【译文】

《孝经》说："孝顺，就像天上日月运行一样是永恒的规律，也像地上万物生长一样是不变的法则，更是天下民众的行为准则。天地间的规律，万民都要遵循。"又说："不喜爱自己的亲人却去喜爱他人，这叫作违背道德；不敬重自己的父母却敬重别人，这是违反礼法。君王训导万民要尊敬爱戴父母，而有的人却违背道德和礼法,这种人即使能得志,君子也不以此为贵。"又说:"五种刑罚的罪状包括三千条,而其中罪恶最大的就是不孝。"

孟子说:"不孝顺有五种情状:好逸恶劳,不顾父母的养育之恩,这是第一种不孝;沉湎于赌博和酗酒,不顾父母的养育之恩,这是第二种不孝;贪图钱财,只顾自己的妻子儿女,却不顾父母的养育之恩,这是第三种不孝;寻欢作乐,给父母带来耻辱,这是第四种不孝;喜欢打架斗殴而危及父母,这是第五种不孝。"做为人子,在侍奉父母方面如果做得不够,即便其他的长处优点再多,也不能掩盖他的罪过。所以为人子女能不小心谨慎吗?

以父母之乐为乐,以父母之忧为忧

【原文】

《经》曰:"君子之事亲也,居则致其敬,养则致其乐,病则致其忧,丧则致其哀,祭则致其严。"

【译文】

《孝经》说:"君子侍奉父母亲,平日家居要尽量做到恭敬,赡养父母要让父母得到欢乐,父母生病了就要忧虑,父母去世就要表现得十分哀痛,祭祀父母时要非常严肃。"

养父母而不恭敬,何异于养犬马

【原文】

孔子曰:"今之孝者,是谓能养。至于犬马,皆能有养。不敬,何以别乎?"《礼》:子事父母,鸡初鸣,咸盥漱,盛容饰以适父母之所。父母之衣衾、簟席、枕几不传,杖、履祗敬之,勿敢近。敦牟、卮,非馂莫敢用。在父母之所,有命之,应唯敬对,进退周旋慎齐。升降、出入揖逊。不敢哕噫、嚏、咳、欠、伸、跛、倚、睇视,不敢唾洟。寒不敢袭,痒不敢搔。不有敬事,不敢袒裼。不涉不撅。为人子者,出必告,反必面。所游必有常,所习必有业,恒言不称老。

又:"为人子者,居不主奥,坐不中席,行不中道,立不中门。食飨不为概,祭祀不为尸。听于无声,视于无形。不登高,不临深,不苟訾,不苟笑。孝子不服闇,不登危,惧辱亲也。"

【译文】

孔子说:"如今的所谓孝子,仅仅称得上是能够赡养父母。但是狗和马,不也被养着吗?如果赡养父母不表现出恭敬来,那么这与养狗养马又有什么区别呢?"《礼记》说:子女侍奉父母,在鸡刚叫的时候就要起床洗漱,穿戴整齐去拜见父母。父母所用的衣被、炕席、枕头等,不能去随便移动,即便是对父母的拐杖和鞋子,也要恭恭敬敬,不能随便靠近。父母使用的食器、酒具,在父母用完之后,才能使用。在父母的居所,如果父母有所吩咐,应答都要唯唯诺诺、恭恭敬敬。进退周旋要谨慎而庄重,举止行动要有礼而谦逊,不能放肆地打呃、打喷嚏、咳嗽、打哈欠、伸懒腰、跛行、斜靠、斜眼看人看物,也不能随便吐唾沫、擤鼻涕。即便是冷,也不能在衣服外边再套衣服;即便是痒,也不能去搔。如果不是受父母之命,不敢随便脱去外边的衣服。自己身上的衣服要穿戴齐整,不要拖来拖去,或随便撩起来。为人之子,出门必须向父母告辞,回家必须向父母问安。出游必须有规矩,学习必须有所立业,说话不能摆资格。

《礼记》里又说:"为人之子,住房不能占据西南角尊长的位置,坐的时候不能坐在正中间,走路也不能走中间,站立不能站在门的中间,吃饭不能挑三拣四,祭祀时不能充当受祭者而接受别人的礼拜。默默倾听别人的意见,不要多插嘴;察言观色,善解人意。为人子,不能登高临深,冒险行事,不能胡乱骂人,不能随便说笑。孝子不在暗地里做事,不到危险的地方,怕的是因为自己的行为辱没了父母。"

父母面前不显尊贵

【原文】

宋武帝即大位,春秋已高,每旦朝继母萧太后,未尝失时刻。彼为帝王尚如是,况士民乎!

【译文】

南朝宋武帝登基称帝时,年事已高,但是他每天清晨都要朝拜继母萧太后,而且从未错过时刻。他做了帝王,尚且能够这般孝顺母亲,更何况一般的士人百姓呢?

【原文】

梁临川静惠王宏,兄懿为齐中书令,为东昏侯所杀,诸弟皆被收。
僧慧思藏宏,得免。宏避难潜伏,与太妃异处,每遣使恭问起居。或谓:"逃难须密,不宜往来。"宏衔泪答曰:"乃可无我,此事不容暂废。"彼在危难尚如是,况平时乎!
为子者不敢自高贵,故在《礼》:"三赐不及车马。"不敢以富贵加于父兄。

【译文】

梁代临川静惠王萧宏的哥哥懿担任齐朝中书令,被东昏侯所杀,几个弟弟都被收斩。
和尚慧思将萧宏藏匿起来,因此萧宏得以幸免。萧宏潜伏避难,与太妃异地而居，但是他还经常派人问候太妃的起居生活。有人对他说："你正在逃难，必须保密，不应该和太妃来往。"萧宏流泪答道："宁可让我去死，也不能不行孝道。"他身处危难之中尚且能如此尽孝道，何况平时呢？

做为人子，不能在父母面前显示身份高贵，所以《礼记》中说："三赐不及车马。"不敢在父兄面前表现自己的富有和尊贵。

【原文】

国初，平章事王溥，父祚有宾客，溥常朝服侍立。客坐不安席。祚曰："豚犬，不足为之起。"此可谓居则致其敬矣。

【译文】

宋朝初年，平章事王溥的父亲王祚每当在家招待客人的时候，王溥就穿着上朝的衣服侍立一旁。客人坐着颇觉不安。王祚就说："他是我的儿子，不必因为他是平章事就起身。"这可以说是为子女的平日家居就要表示对父母的恭敬。

侍奉父母，要有耐心

【原文】

《礼》："子事父母，鸡初鸣而起，左右佩服以适父母之所。及所，下气怡声，问衣燠寒，疾痛苛痒，而敬抑搔之。出入则或先或后，而敬扶持之。进盥，少者奉槃，长者奉水，请沃盥，卒，授巾。问所欲而敬进之，柔色以温之。"父母之命勿逆勿怠。若饮之食之，虽不嗜，必尝而待；加之衣服，虽不欲，必服而待。

又，"子妇无私货，无私畜，无私器。不敢私假，不敢私与。"

又，为人子之礼，冬温而夏清，昏定而晨省，在丑夷不争。

【译文】

《礼记》说:"子女侍奉父母,在鸡刚叫的时候就要起床,穿戴整齐到父母的居室。到了父母的居所,要和颜悦色,向父母问寒问暖。父母如果有疾病痒痛,就要非常恭敬地去想办法解除。如果是与父母一起出入,就或者在前边引导,或者在后边侍奉,非常恭敬地去搀扶。扶父母进了洗漱间,年纪小的赶快端来脸盆,年纪大的给倒上水,请父母洗脸。洗罢,将毛巾递过去。然后再问父母需要什么,及时奉送上去,还要用柔和的态度来慰藉父母。"对于父母的吩咐,不能违逆,也不能应付。如果是父母让你吃喝,即使不对你的口味,你也必须吃一点,然后听从父母的吩咐;如果是父母给你一件衣服,你即使不喜欢,也一定要先穿在身上,然后等父母让你脱,你再脱去。

《礼记》又说:"儿子和媳妇不能私自积蓄家产,也不能有自己的用具东西。不能私自和别人借东西,也不能私自将家里的东西送给别人。"

《礼记》还说:作为人的子女,应该奉行这样的礼数:冬天要为父母温暖被褥,夏天要为父母扇凉卧席;晚上要为父母安顿好床铺,早晨要向父母问安。而且不能和兄弟姐妹们有所争执。

自己有节操,方能孝父母

【原文】

孟子曰:"曾子养曾皙,必有酒肉;将彻,必请所与。问有馀,必曰:有。曾皙死,曾元养曾子,必有酒肉。将彻,不请所与,问有余,曰:亡矣。将以复进也。此所谓养口体者也。若曾子,则可谓养志也。事亲若曾子者,可也。"

【译文】

孟子说:"先前曾子奉养他的父亲曾皙,每顿饭一定有酒肉;往下撤的时候一定要问,剩下的给谁;曾皙若问还有剩饭吗?曾子一定回答:有。曾皙死了,曾元养曾子,也一定有酒有肉。往下撤的时候,便不问剩下的给谁了;曾子若问还有剩饭吗?便说:没有了。意思是留下预备以后进用。这个叫作口体之养。至于曾子对父亲,才可以叫作顺从亲意之养。侍奉父母做到像曾子那样就可以了。"

可以委屈自己,但不能委屈双亲

【原文】

老莱子孝奉二亲,行年七十,作婴儿戏,身服五采斑斓之衣。尝取水上堂,诈跌仆卧地,为小儿啼,弄雏于亲侧,欲亲之喜。

【译文】

老莱子孝顺地侍奉父母,年纪快七十了,还玩婴儿的游戏。他身着五采斑斓的衣服,把水端到堂上,装作跌仆卧倒在地,又假装小孩啼哭,在父母身边摆弄小孩,目的是想让父母高兴。

【原文】

汉谏议大夫江革,少失父,独与母居。遭天下乱,盗贼并起,革负母逃难,备经险阻,常采拾以为养,遂得俱全于难。革转客下邳,贫穷裸跣行,佣以供母,便身之物,莫不毕给。建武末年,与母归乡里,每至岁时,县当案比,革以老母不欲摇动,自在辕中挽车,不用牛马。由是乡里称之曰"江巨孝"。

【译文】

东汉谏议大夫江革,少年时丧父,与母亲居住在一起。时逢天下大乱,盗贼并起,江革背着母亲逃难,历尽艰难险阻,常常靠采拾野菜来赡养母亲,因此母子得以幸免于难。江革转而客居下邳,因为贫穷,就赤着脚行走,他依靠给人打工来赡养母亲。随身所用之物,都给母亲准备齐全。建武末年,他与母亲一起回到故乡。每至岁时,县里就清理户口,江革因为老母害怕摇动颠簸,就自己驾辕拉车,不用牛马。因此乡里称他为"江巨孝"。

【原文】

晋西河人王延,事亲色养,夏则扇枕席,冬则以身温被,隆冬盛寒,体无全衣,而亲极滋味。

【译文】

晋代西河人王延,很孝顺地侍奉父母,夏天就在父母枕边扇凉风,冬天就以身为父母暖被。隆冬严寒,他自己体无全衣,而父母亲却生活得很好。

端碗先思父母饥饱

【原文】

宋会稽何子平,为扬州从事吏,月俸得白米,辄货市粟麦。人曰:"所利无几,何足为烦?"子平曰:"尊老在东,不办得米,何心独飧白粲!"每有赠鲜肴者,若不可寄至家,则不肯受。后为海虞令,县禄唯供养母一身,不以及妻子。人疑其俭薄。子平曰:"希禄本在养亲,不在为己。"问者惭而退。

【译文】

宋代会稽人何子平,担任扬州从事史,每月俸禄所得的白米,总要拿去卖掉买粟麦。有人说:"卖了米再买粟麦获利并不多,何必要那么麻烦呢?"子平说:"我母亲住在东边,不能得到白米,我怎么能独自享受白米呢?"每次有人送给他好吃的东西,如果不能寄到家里,他就不肯接受。后来他担任海虞县令,所得俸禄只供养母亲一个人,完全不顾及妻子儿女。有人怀疑他过于节俭小气。子平就说:"我之所以出来求官,原本就是为供养父母,而不是为了自己。"向他问话的人羞惭而退。

【原文】

同郡郭原平养亲,必以己力,佣赁以给供养。性甚巧,每为人佣作,止取散夫价。主人没食,原平自以家贫,父母不办有肴饭,唯餐盐饭而已。若家或无食,则虚中竟日,义不独饱,须日暮作毕,受直归家,于里籴买,然后举爨。

【译文】

同郡郭原平侍养父母,一定要靠自己的劳动所得来供养。他秉性灵巧,每次为人做工,只取散失零工的价钱。主人供饭,郭原平认为家中贫穷,父母吃不上荤菜,自己也就只吃盐饭。如果家中没有粮食,他也就整天不吃饭,等到天黑收工,拿了工钱回家的时候,再出去买些粮食,然后回家做饭。

自己有忧愁,不必告父母

【原文】

唐曹成王皋为衡州刺史,遭诬在治,念太妃老,将惊而戚,出则囚服就辟,入则拥笏垂鱼,坦坦施施,贬潮州刺史,以迁入贺。既而事得直,复还衡州,然后跪谢告实。此可谓养则致其乐矣。

【译文】

唐代曹成王皋担任衡州刺史时,受他人诬告将要被治罪。他想到太妃年老,将会为这件事惊慌、愁苦。于是出了家门他就穿着囚徒的衣服准备受刑,一回到家里就官服装束,装出一副坦然快乐的样子。后来他被贬为潮州刺史,就假装他要升迁调动,回家向太妃表示祝贺。不久,他的冤案得以平反,他又回到衡州,他才向太妃跪禀实情。这可以称之为赡养父母就要想方设法让他们享受欢乐。

久病床前,亦有孝子

【原文】

《礼》:父母有疾,冠者不栉,行不翔,言不惰,琴瑟不御。食肉不至变味,饮酒不至变貌,笑不至矧,怒不詈,疾止复故。

【译文】

《礼记》说:父母有病的时候,成年子女不能梳头打扮,走路也不能像平日那样轻捷,不说闲话,不能鼓琴弄瑟。吃肉不能讲究滋味,喝酒要少,笑不露齿,怒不能骂人,父母病愈后,子女方能恢复常态。

【原文】

文王之为世子,朝于王季,日三。鸡初鸣而衣服,至于寝门外,问内竖之御者曰:"今日安否?何如?"内竖曰:"安。"文王乃喜。及日中,又至。亦如之。及莫又至,亦如之。其有不安节,则内竖以告文王。文王色忧,行不能正履。王季复膳,然后亦复初。武王帅而行之,不敢有加焉。文王有疾,武王不脱冠带而养。文王一饭亦一饭,文王再饭亦再饭。旬有二日,乃间。

【译文】

周文王为世子的时候,每天上朝问候君父季历三次。鸡刚叫的时候他就穿好衣服,来到父亲的寝门外边,问掌管内外事务的值班人员:"君父今天可好吗?他老人家怎么样?"值班人员说:"很好。"周文王便喜形于色。到中午,周文王又来到父亲的寝门外,又如早晨一般问候。到日暮的时候又来问候。如果父亲有不舒服的地方,值班人员就告诉给文王,文王就表现得非常忧愁,连走路都是歪歪斜斜的。直到父亲重新开始吃饭,文王才恢复如初。后来周武王完全遵循父亲文王的做法行事,不敢有一点改动。文王有病的时候,武王则不脱衣服,不解冠带地侍奉。如果文王吃一次饭,他也只吃一次饭;文王吃两次饭,他也吃两次饭。这样整整一旬零两天,父亲的病才痊愈。

【原文】

汉文帝为代王时,薄太后常病。三年,文帝目不交睫,衣不解带,汤药非口所尝弗进。

【译文】

汉文帝任代王时,薄太后经常生病。三年之中,汉文帝没有好好睡过觉,也没有脱过衣服,尽心竭力侍候太后。凡是薄太后喝的药,文帝都要亲自尝过后才进献。

【原文】

晋范乔父粲,仕魏,为太宰中郎。齐王芳被废,粲遂称疾阖门不出,阳狂不言,寝所乘车,足不履地。子孙常侍左右,候其颜色,以知其旨。如此三十六年,终于所寝之车。乔与二弟并弃学业,绝人事,侍疾家庭。至粲没,不出里邑。

【译文】

晋代范乔的父亲粲,曾在魏国做官,担任太宰中郎。因为齐王芳被废黜,粲于是假装有病,闭门不出。他装作疯狂而不说话,终日睡在车上,脚都不沾地。他的子孙们经常侍奉左右,看他的脸色来判断他的欲求。这样长达三十六年,直到他死在他睡的那个车子上。这期间,范乔和两个弟弟都放下学业,谢绝人事,在家里侍候父亲。直到父亲去世,他们都没有离开所居乡里一步。

【原文】

南齐庾黔娄为孱陵令,到县未旬,父易在家遘疾,黔娄忽心惊,举身流汗。即日弃官归家,家人悉惊。其忽至时,易病始二日。医云:"欲知差剧,但尝粪甜苦。"易泄利,黔娄辄取尝之。味转甜滑,心愈忧苦。至夕,每稽颡北辰,求以身代。俄闻空中有声,曰:"徵君寿命尽,不可延,汝诚祷既至,改得至月末。"晦,而易亡。

【译文】

南齐的庾黔娄担任孱陵县令,上任不到一旬的时间,他的父亲在家里得了病。黔娄忽然感到心惊肉跳,全身大汗淋漓。他当下就弃官回到家里,家里的人都非常惊奇。他如此急地赶到家里的时候,父亲患病仅两天。医生说:"要想知道病的情况,只要能尝一下他的粪便的甜苦就可以了。"于是,父亲泄后,黔娄就取来品尝。粪便的味道转为甜滑,而黔娄的心却越来越变得忧愁苦闷。每当晚上,他就跪拜北辰,乞求用自己来替代父亲。一会儿,听到空中有说话的声音:"你父亲的寿命尽了,不能再延续,但因为你真诚的祷告起了作用,所以你父亲的死期可以改至月末。"月终,黔娄的父亲易果真去世了。

【原文】

后魏孝文帝幼有至性,年四岁时,献文患痈,帝亲自吮脓。

【译文】

后魏孝文帝从小就有超过一般人的孝性,他四岁的时候,父亲献文帝患了痈疮,孝文帝亲自为父亲吮吸疮脓。

【原文】

北齐孝昭帝,性至孝。太后不豫,出居南宫。帝行不正履,容色贬悴,衣不解带,殆将旬。殿去南宫五百余步,鸡鸣而出,辰时方还;来去徒行,不乘舆辇。太后所苦小增,便即寝伏阁外,食饮药物,尽皆躬亲。太后惟常心痛,不自堪忍。帝立侍帷前,以爪掐手心,血流出袖。

此可谓病则致其忧矣。

【译文】

　　北齐孝昭帝,天性非常孝顺。太后不舒服,住在南宫。孝昭帝十分愁苦,走路都走不正,面容憔悴,衣不解带,将近十天。宫殿距离南宫五百多步,昭帝天亮鸡叫时就去南宫问候太后,到了辰时方才返回宫;来去步行,从不乘车。太后的病痛稍微加剧,昭帝就睡在她的卧室门外,太后的饮食和药物,昭帝都要亲自服侍进献。太后常常心痛,不堪忍受,昭帝就站在她的床前,以手指掐自己的手心,血从袖口流出来。
　　这就是说父母生病了子女就要表示自己的忧愁。

孝子居丧,泣血三年

【原文】

　　《经》曰:孝子之丧亲也,哭不哀,礼无容,言不文,服美不安,闻乐不乐,食旨不甘,此哀戚之情也。三日而食,教民无以死伤生,毁不灭性,此圣人之政也。丧不过三年,示民有终也。为之棺椁衣衾而举之,陈其簠簋而哀戚之。擗踊哭泣,哀以送之,卜其宅兆而安厝之,为之宗庙,以鬼享之。春秋祭祀,以时思之。生事爱敬,死事哀戚,生民之本尽矣,死生之义备矣,孝子之事亲终矣。君子之于亲丧固所以自尽也,不可不勉。丧礼备在方册,不可悉载。

【译文】

　　《孝经》说:孝子死了父母,哭的时候声嘶力竭,礼仪失去端庄,说话不讲究文采,穿漂亮的衣服感到不安,听到音乐也不会快乐,吃美味佳肴也不感到甘甜,这些都是哀伤悲痛的表现。父母死亡三天后就应当吃饭,是教百姓不要因为哀悼死者而损伤活人的身体。悲伤憔悴，但不能危及生命。这是圣人提倡的。居丧不得超过三年，这是向人们表明治丧应有一定的期限。子女要为死去的父母准备棺材、外棺和寿衣，举行入殓之礼；要摆设各种祭器表示哀悼；送葬的时候，要捶胸顿足、号啕大哭；安放棺木，要占卜吉凶，选择墓地；要建造宗庙祭祀亡灵。子女要岁时祭祀，寄托自己对死去的父母的思念。父母在活着的时候子女要敬重，父母死亡之后子女要哀悼，子女尽到了自己的责任，也完成了养老送终的义务。孝子也就完成了侍奉父母的大任。君子为父母之丧尽孝道原本就是要履行自己的责任，不能不努力做好。关于治丧所应遵循的礼节，典籍里的记载颇为详细，在此不能细说。

【原文】

孔子曰："少连、大连善居丧，三日不怠，三月不解，期悲哀，三年忧，东夷之子也。"高子皋执亲之丧也，泣血三年，未尝见齿，君子以为难。

【译文】

孔子说："少连和大连很会居丧，三日之内不惰怠，三个月之内不松懈，悲哀整整一年，而三年之内一直在忧愁。"少连和大连都是东夷之子。孔子的弟子子皋居丧，整整哀哭了三年，从未笑过，连那些很守礼法的君子都认为能够做到这样很难。

【原文】

颜丁善居丧，始死，皇皇焉，如有求而弗得；及殡，望望焉，如有从而弗及；既葬，慨焉，如不及其反而息。

【译文】

鲁人颜丁很会居丧,人刚死的时候,他表现出一副惶惶然的样子,就好像有什么东西想得到却没有得到;等到殡葬的时候,又望望然,就好像急切地想要跟谁走,而没有能够办到;安葬之后,却表现得没有了声息,就好像没能挽留住死者,自己彻底绝望了。

【原文】

唐太常少卿苏颋遭父丧,睿宗起复为工部侍郎,颋固辞。上使李日知谕旨,日知终坐不言而还,奏曰:"臣见其哀毁,不忍发言,恐其殒绝。"上乃听其终制。

【译文】

唐代太常少卿苏颋遭逢父丧,正巧唐睿宗打算要任命他为工部侍郎,他坚辞不受。皇上派遣李日知去宣谕圣旨,李日知到了苏家,却坐在那里自始至终没有说话,他回去禀告皇上说:"我见他哀伤过度,面容憔悴,不忍心再去说这些事,怕他听了会昏死过去。"于是皇上允许他守满三年孝。

【原文】

左庶子李涵为河北宣慰使,会丁母忧,起复本官而行。每州县邮驿公事之外,未尝启口。蔬饭饮水,席地而息。使还,请罢官,终丧制。

代宗以其毁瘠,许之。自余能尽哀竭力以丧其亲,孝感当时,名光后来者,世不乏人。此可谓丧则致其哀矣。

【译文】

左庶子李涵担任河北宣慰使的时候,母亲去世,可他这时正被任命为宣慰使在外地出行。他每到一个州县,除公事之外,没有再说过话。每天只吃些粗饭,喝口白开水,并睡在地上。完成出使任务返回去后,他便请求罢官,准备回去为母亲守丧。

代宗因为他过度悲哀而损伤了身体,所以恩准了他。能够尽哀竭力为父母亲守丧,并以孝感动当时,名留后代的人,每朝每代都很多。这可以说是居丧就能竭力表示自己的哀痛。

祭祀应当严肃

【原文】

古之祭礼详矣,不可遍举。孔子曰:"祭如在。"君子事死如事生,事亡如事存。斋三日,乃见其所为斋者。祭之日,乐与哀半,飨之必乐,已至必哀。外尽物,内尽志;入室,僾然必有见乎其位;周还出户,肃然必有闻乎其容声;也户而听,忾然必有闻乎其叹息之声。是故先王之孝也,色不忘乎目,声不绝乎耳,心志嗜欲不忘乎心。致爱则存,致悫则著,著存不忘乎心,夫安得不敬乎!齐齐乎其敬也,愉愉乎其忠也,勿勿乎其欲其飨之也。《诗》曰:"神之格思,不可度思,矧可思。"此其大略也。

【译文】

古代的祭礼非常详细,不可遍举。孔子说:"祭祀就像死人复活一样。"君子祭祀死者就像侍奉活人一样,斋戒三天,然后去拜见所要斋戒祭祀的亡灵。祭祀亡灵的日子,欢乐与哀伤各占一半,给亡灵贡饭必须高兴,而自己内心又务必哀伤。在外要尽力祭祀,在内须真心诚意;进入安置灵位的庙中,仿佛看见先人坐在那里;礼拜过后,走出门去,又如同听到他们说话的声音;出门之后,又好像听到他们的叹息之声。因此先王孝敬亲人,亲人的形象永不离开眼前,亲人的声音永不离开耳畔,亲人的嗜欲和爱好,也永远存乎心间。由于敬爱,所以亲人永远活在他的心里;由于很真挚,所以耳目中能清晰地显现出亲人的音容笑貌。对于这样的活在自己心里、浮现于眼前的亲人,怎能不去尊敬呢?恭敬表现为庄重的动作,虔诚表现为和颜悦色的姿态,殷勤周到,只希望所祭祀的亡灵能享受到自己的这点心意。《诗经》说:"神灵无处不在,不可测度,如果玩忽不敬就会遭到惩罚。"这就是它的大意。

【原文】

孟蜀太子宾客李郸,年七十余,享祖考,犹亲涤器。人或代之,不从,以为无以达追慕之意。此可谓祭则致其严矣。

【译文】

孟蜀太子宾客李郸,年纪已七十多岁了,祭祀祖父时,还亲自洗涤祭器。有人想代替他去洗刷,他不许,认为那样无法寄托自己的思念之情。这就是说的祭祀时就要表现得庄严肃穆。

一举足一出言,皆不敢忘父母

【原文】

《经》曰:身体发肤,受之父母,不敢毁伤,孝之始也。

【译文】

《孝经》说:人的身体、毛发、肌肤,都是父母所给,子女不敢随意毁坏,这是孝顺父母的开端。

【原文】

曾子有疾,召门弟子曰:"启予足,启予手。《诗》云:战战兢兢,如临深渊,如履薄冰。而今而后吾知免夫小子。"

【译文】

曾子有病,把他的门人弟子都召集来,说:"身体受之于父母,不敢随便毁伤,你们揭开我的被,我要看看我的手和足。《诗经》说:战战兢兢,如临深渊,如履薄冰。从今之后我懂得在这个问题上教育你们了。"

【原文】

乐正子春下堂而伤足,数月不出,犹有忧色。门弟子曰:"夫子之足瘳矣,数月不出,犹有忧色,何也?"乐正子春曰:"善,如尔之问也!善,如尔之问也!吾闻诸曾子,曾子闻诸夫子曰:天之所生,地之所养,惟人为大。父母全而生之,子全而归之,可谓孝矣;不亏其体,不辱其身,可谓全矣。故君子顷步而弗敢忘孝也,今予忘孝之道,予是以有忧色也。"一举足而不敢忘父母,一出言而不敢忘父母。一举足而不敢忘父母,是故道而不径,舟而不游,不敢以先父母之遗体行殆;一出言而不敢忘父母,是故恶言不出于口,忿言不反于身。不辱其身,不羞其亲,可谓孝矣。

【译文】

乐正子春下堂的时候弄伤了脚,他几个月没有出门,脸上还带有忧色。他的门人弟子们说:"老师您的脚早就痊愈了,您几个月都不出门,怎么脸上还有忧色?"乐正子春说:"你们问得好!你们问得好!我曾听曾子说,曾子听孔夫子说：天地之间，数人最为尊贵。父母亲把你完整地生了下来，你也要爱惜自己，把自己完整地保护好，这就是孝；不要随便侮辱、损伤自己的身体，这就是全。所以君子即使只迈半步，也不敢忘记孝道。现在我没有注意孝道，弄伤了脚，我所以有忧色啊！"

　　人一举足一行动都不敢忘记身体是父母所给，只要开口讲话就不敢忘记自己与父母的联系。正因为一举足就不敢忘记身体受之于父母，所以走路不歪斜乱跑，临水要乘船，而不去游泳，这就是不敢以父母受之于自己的身体涉险履危；一开口而不敢忘父母，所以不好听的话不说，疾愤伤害的话也不用在自己身上。既不侮辱父母所给的身体，又不因此而使自己的父母遭到羞辱，这就可以说是做到孝了。

救父母于危难，赴汤蹈火而不辞

【原文】

　　或曰：亲有危难则如之何？亦忧身而不救乎？曰：非谓其然也。孝子奉父母之遗体，平居一毫不敢伤也；及其徇仁蹈义，虽赴汤火无所辞，况救亲于危难乎！古以死徇其亲者多矣。

【译文】

　　有人问：如果父母亲人有危难，怎么办？子女也担心自己的身体受到伤害而不去救吗？回答说：并不能这样理解。孝子对待父母给予的身体，平时连一丝一毫都不敢伤害；到了舍身为仁、杀身取义的时候，即便是赴汤蹈火也在所不辞，何况是在危难之时救父母亲人呢！自古以来为父母亲人献身的人很多很多。

【原文】

晋末乌程人潘综遭孙恩乱，攻破村邑。综与父骠共走避贼，骠年老行迟，贼转逼。骠语综："我不能去，汝走可脱，幸勿俱死。"骠困乏坐地，综迎贼叩头曰："父年老，乞赐生命。"贼至，骠亦请贼曰："儿少自能走，今为老子不去。孝子不惜死，可活此儿。"贼因斫骠，综乃抱父于腹下。贼斫综头面，凡四创，综当时闷绝。有一贼从傍来会曰："卿举大事，此儿以死救父，云何可杀？杀孝子不祥。"贼乃止，父子并得免。

【译文】

晋末乌程人潘综正赶上孙恩作乱，攻打进村镇里来。潘综和父亲潘骠一起逃跑躲避贼寇，但是由于潘骠年老行动迟缓，所以贼寇就向潘骠追去。潘骠对儿子潘综说："我走不脱了，你赶快跑可以脱身，我们不能都在这里等死。"这时潘骠已因困乏而跑不动了，只好坐在地上，潘综拦在前边向那些冲过来的贼叩头求道："我父亲已经年纪大了，请饶他一命。"等贼寇到了跟前，潘骠也向贼寇求道："我的儿子正年轻，他本来能跑得了，可是他为了我这个父亲才没有走，他是个以死救父的孝子，请你们饶了他吧。"贼寇用刀去砍潘骠，潘综就将父亲抱在自己的身下。贼寇于是砍潘综的头部，潘综一连中了四刀，当时就昏厥过去。这时有一个贼人从旁边跑了过来，说："阁下是在举大事，这个人以死救他的父亲，怎么可以杀他呢？杀孝子不吉利。"于是贼寇不再砍潘综，这父子二人一并幸免于难。

【原文】

齐射声校尉庾道愍所生母漂流交州，道愍尚在襁褓。及长，知之，求为广州绥宁府佐。至府，而去交州尚远，乃自负担，冒嶮自达。及至州，寻求母，经年不获，日夜悲泣。尝入村，日暮雨骤，乃寄止一家。

有妪负薪自外还,道愍心动,因访之,乃其母也。于是俯伏号泣。远近赴之,莫不挥泪。

【译文】

齐射声校尉庾道愍的亲生母亲漂流到交州的时候,庾道愍还是个襁褓中的婴儿。等到他长大,知道了这件事,于是他就请求担任广州绥宁府佐。他上任后,府佐离交州还很远,他就自己背着行囊,冒险去交州。等到了交州,便寻找母亲,但整整一年也没有找到,他日夜悲泣。有一次他进入一个村庄,天已经黑了,但雨下得很急,他便住宿在一家人的家里。

一会儿,有一个老婆婆背着一些柴草从外边回来,道愍似乎心里有感应,他上前询问,这个老婆婆果然就是他的生身母亲。于是母子重逢,抱头痛哭。远近前来观看的人,没有不为之感动而流泪的。

【原文】

梁湘州主簿吉翂,父天监初为原乡令,为吏所诬,逮诣廷尉。翂年十五,号泣衢路,祈请公卿。行人见者,皆为陨涕。其父理虽清白,而耻为吏讯,乃虚自引咎,罪当大辟。翂乃挝登闻鼓,乞代父命。武帝嘉异之,尚以其童稚,疑受教于人,敕廷尉蔡法度严加胁诱,取其款实。

法度乃还寺,盛陈徽缠,厉色问曰:"尔求代父死,敕已相许,便应伏法。然刀锯至剧,审能死不。且尔童孺,志不及此,必人所教,姓名是谁?若有悔异,亦相听许。"对曰:"囚虽蒙弱,岂不知死可畏惮?顾诸弟幼藐,唯囚为长,不忍见父极刑,自延视息。所以内断胸臆,上干万乘。今欲殉身不测,委骨泉壤。此非细故,奈何受人教耶?"法度知不可屈挠,乃更和颜诱,语之曰:"主上知尊侯无罪行,当释。亮观君神仪明秀,足称佳童。今若转辞,幸父子同济。奚以此妙年,苦求汤镬?"曰:"凡鲲鲕蝼蚁,尚惜其生,况在人!斯岂愿齑粉。但父挂深劾,必正刑书。故思殒仆,冀延父命。"翂初见因,狱掾依法备加桎梏。法度矜之,命脱其二械,更令著一小者。翂弗听,曰:"翂求代父死,死囚岂可减乎?"竟不脱械。法度以闻,帝乃宥其父子。丹阳尹王志求其在廷尉故事并诸乡居,欲于岁首,举充纯孝。曰:"异哉王尹!何量玢之薄也。夫父辱子死,斯道固然,若有面目当其此举,则是因父买名,一何甚辱!"拒之而止。此其章章尤著者也。

【译文】

梁代的湘州主簿吉玢,他的父亲天监刚开始担任原乡令时,被人诬陷,抓起来在廷尉那里接受审讯。吉玢这时才十五岁,他在大街上嚎啕哭泣,在一些当官的面前为父亲说情。路上的行人看见了都为之落泪。他的父亲本来没有什么罪,但他耻于为狱吏审讯,就故意承认有罪,而且罪当斩首。吉玢独自去击打登闻鼓,请求代父亲去受死。当时梁武帝颇为这个少年称奇,但是又认为他只是个孩子,大概是有人在教他,于是命令廷尉蔡法度严加审问,弄清实际情况。

法度回到衙署,故意多放了一些捆绑罪人的绳索,然后大声喝问:"你请求代替你的父亲去死,皇上已经同意了,你这就要受刑伏法。但是刀斧无情,为了慎重,再核实一下你究竟够着死没有。而且你是个孩子,还不懂得代父去死,一定是有人在教你,这人姓甚名谁?你如果有所后悔,我们也可以重新来考虑。"吉玢回答说:"我虽然是个孩子,但是能不知道杀头是十分可怕的吗?只是我环顾家里几个弟弟都还幼小,只有我最大,我不忍心坐视父亲受极刑,而自己独自活在世上。所以我独自做主,来干预皇家的法律。我现在确实是想代父而死,这难道不是实情,还怎么要让别人来教呢?"蔡法度知道用威吓的办法不能使他屈服,便换了一副温和的面孔,对他说:"皇上其实已经知道你父亲是无罪的,应当释放,我看你神采奕奕,聪明俊秀,真是一个好孩子,你现在如果要改变代父而死的说法,或许你们父子俩都没有事。为什么要用如此好的年华,去白白送死呢?"吉玢回答说:"连虫子都懂得珍惜自己的生命,而况人呢?我哪里是愿意去送死,不过父亲被弹劾,必然要受到刑律的处罚,所以我才想着牺牲自己,来救父亲一命。"吉玢刚被拘留时,狱吏按规定给他上了所有应该上的枷锁。蔡法度有些怜悯他，就下令给他摘去两个刑具，还让人给他换一个较轻的刑具。吉翂竟不肯，说："我请求代替父亲去死，就是死囚，死囚怎么可以减去刑具呢？"他竟没有减下那些刑具。蔡法度把这些事告诉了皇上，皇帝赦免了他们父子。后来，丹阳尹王志搜集吉翂被廷尉收执时候的事迹，以及他平时在乡里的善举，想在岁首的时候推举他为孝顺父母的典范。吉翂说："奇怪啊，王尹！怎么把我看得这么不值钱啊，父亲有难，儿子去以死相救，这是很一般的道理，如果我有脸面当此孝的典范，那么就是用父亲来为自己换名声，那是多么的耻辱啊！"他不同意这样做，这件事才停下来。这些都是孝子以死殉亲的例子。

温公家范 卷五

子下

勿陷父母于不义

【原文】

《书》称舜"烝烝义,不格奸",何谓也?曰:言能以至孝,和顽嚚昏傲,使进以善自治,不至于大恶也。

【译文】

《尚书》称舜"烝烝义,不格奸",这是什么意思呢?这是说:舜非常孝顺,能与心术不正的父亲、不忠诚的母亲、傲慢的弟弟和睦相处,他以孝行美德感化他们,又加强自身的修养,所以没有流于邪恶。

【原文】

曾子耘瓜,误斩其根。皙怒,建大杖以击其臂。曾子仆地而不知人。久之乃苏,欣然而起,进于曾皙曰:"响也!参得罪于大人,用力教参,得无疾乎?"退而就房,援琴而歌,欲令曾皙闻之,知其体康也。孔子闻之而怒,告门弟子曰:"参来,勿内。"曾参自以为无罪,使人请于孔子。孔子曰:"汝不闻乎,昔舜之事瞽瞍,欲使之,未尝不在于侧;索而杀之,未尝可得。小捶则待过,大杖则逃走,故瞽瞍不犯不父之罪,而舜不失烝烝之孝。今参事父,委身以待暴怒,殪而不避,身既死而陷父于不义,其不孝孰大焉?汝非天子之民乎?杀天子之民,其罪奚若?"曾参闻之,曰:"参,罪大矣!"遂造孔子而谢过,此之谓也。

【译文】

曾子锄瓜,不小心斩断了瓜的根。父亲曾晳非常生气,举起一根大棍就向曾子的臂膀打过来。曾子摔倒在地,不省人事。过了很久才苏醒过来,曾子高兴地站起来,走近曾晳问候道:"刚才我得罪了父亲大人,您为教导我而用力打我,您有没有受伤?"退下去回到房里,曾子边弹琴边唱歌,想让父亲听见,知道他的身体早已恢复了健康。孔子听说了这些情况就发怒,告诉弟子们说:"如果曾参来了,不要让他进门。"曾参自认为无罪,托人向孔子请教。孔子对来人说:"你没听说过吗?昔日舜侍奉父亲,父亲使唤他,他总在父亲身边;父亲要杀他,却找不到他。父亲轻轻地打他,他就站在那里忍受,父亲用大棍打他,他就逃跑,因此他的父亲没有背上不义之父的罪名,而他自己也没有失去为人之子的孝心。如今曾参侍奉父亲,把身体交给暴怒的父亲,父亲要打死他,他也不回避。他如果真的死了就会陷父于不义,相比之下,哪个更为不孝?另外,你不是天子的臣民吗?杀了天子的臣民,又会犯多大的罪?"曾参听后,说:"我的罪过很大呀!"于是造访孔子而向他谢罪。这件事说的就是这个道理。

父母有错,耐心规劝

【原文】

或曰:孔子称色难。色难者,观父母之志趣,不待发言而后顺之者也。

然则《经》何以贵于谏争乎？曰：谏者，为救过也。亲之命可从而不从，是悖戾也；不可从机时从之，则陷亲于大恶。然而不谏是路人，故当不义则不可不争也。或曰：然则争之能无咈亲之意乎？曰：所谓争者，顺而止之，志在必于从也。孔子曰："事父母几谏。见志不从，又敬不违，劳而不怨。"《礼》：父母有过，下气怡色，柔声以谏。谏若不入，起敬起孝。说则复谏。不说，则与其得罪于乡党州闾，宁熟谏。

父母怒，不说而挞之流血，不敢疾怨，起敬起孝。又曰：事亲有隐而无犯。又曰：父母有过，谏而不逆。又曰：三谏而不听则号泣而随之，言穷无所之也。或曰：谏则彰亲之过，奈何？曰：谏诸内，隐诸外者也，谏诸内则亲过不远，隐诸外故人莫得而闻也。且孝子善则称亲，过则归己。《凯风》曰："母氏圣善，我无令人。"其心如是，夫又何过之彰乎？

【译文】

有人说：孔子认为察言观色最难。察言观色之所以难，指的是子女善观父母的兴趣爱好，不等他们发话就满足他们的需要。既然这样，《孝经》又为何以谏争为进贵呢？回答说：谏争，为的是挽救父母的过失。父母的命令正确而可以遵从，子女却不遵从，这样子女就犯了错误。父母的命令有误，子女不能服从却去服从，这就会导致父母犯罪。如果子女不劝谏父母那就如同陌路之人，所以当父母言行不一之时，子女必须犯颜直谏。有人说：劝谏父母岂不违背父母的意愿吗？回答说：所谓谏争，是在顺乎父母的意愿的前提下去阻止他们的一些不对的做法。而且一定要做到让他们听从自己的意见。孔子说："侍奉父母，他们有什么过失，只能委婉地规劝；如果意见没有被采纳，仍然要恭敬而不能有抵触情绪，为父母操劳而无怨恨。"《礼记》说：父母有错，子女要和颜悦色，柔声下气地劝谏。若是父母听不进劝谏，子女就要更加恭敬，以孝心来感化他们，父母高兴，子女就要再次进谏；父母不高兴，那么与其让父母得罪于乡里朋友，不如顽强地多次进行劝谏。

父母假如生气了，不高兴，把子女打得流血，子女也不能怨恨，仍然要孝敬父母。又说：子女侍奉父母亲，可以为他们遮掩过错，却不违忤他们。又说：父母有错，劝谏他们却不违忤他们。又说：子女多次劝谏，父母还不接受，子女就要大声哭泣，跟在他们的左右，这指的是已经到了毫无办法的时候了。有人说：劝谏父母就会彰显他们的过错，怎么办？回答说：在家劝谏，当着外人就要替父母隐瞒。在家劝谏，父母的过错就能被制止；在外隐瞒，别人就不会知道父母的过错。而且孝子总是把善行归功于父母，而把过错归咎于自己。《凯风》说："母亲圣善贤良，我自己是个品德不好的人。"子女的孝心如果能这样，又怎会彰显父母的过错呢？

子孝而父母不爱，孝名更彰

【原文】

或曰：子孝矣而父母不爱，如之何？曰：责己而已。昔舜父顽、母嚚、象傲，日以杀舜为事。舜往于田，日号泣于旻天。于父母负罪引慝，只载见瞽瞍，夔夔斋栗，瞽瞍亦允。若诚之至也，如瞽瞍者犹信而顺之，况不至是者乎？

【译文】

有人说：子女很孝顺父母，但父母不慈爱，怎么办？回答是：从自己那里找原因。从前舜的父亲凶狠而心术不正，母亲不忠诚，弟弟像非常傲慢，他们每天都想把舜杀死。舜初耕于历山之时，为父母所嫉恨、困扰，每天号泣于旻天。但他对待父母，仍然克己自责，负罪引慝，非常恭敬地侍奉父母。他每次见父亲的时候，都是恭敬而畏惧的样子，最后父亲终于能和他和睦相处。如果子女出于至诚的孝心，像舜的凶悍的父亲都能够相信他，与他和睦相处，何况那些本来就不错的父母呢？

【原文】

曾子曰:"父母爱之,喜而不忘;父母恶之,惧而弗怨。"

汉侍中薛包,好学笃行。丧母,以至孝闻。及父娶后妻而憎包,分出之。包日夜号泣,不能去。至被殴杖,不得已,庐于舍外,旦入而洒埽。父怒,又逐之。乃庐于里门,晨昏不废。积岁余,父母惭而还之。

【译文】

曾子说:"父母喜爱子女,子女高兴而不忘记;父母讨厌子女,子女畏惧却不怨恨。"

汉代的侍中薛包,勤奋好学,品德高尚。母亲去世的时候,他就以孝顺而远近闻名。后来,父亲娶了一个后妻,就开始有些厌恶薛包,于是将他分出去居住。薛包日夜号哭,不离去。父母用木棍打他,不得已,他就在父母住的房舍外边结庐而居。他每天早晨都早早起来给父母洒扫庭院。父亲很愤怒,又往外赶他。他于是又结庐于里门,晨昏省定从来不废。过了一年多,父母终于感到有些惭愧,将他叫回了家。

【原文】

晋太保王祥至孝,早丧亲,继母朱氏不慈,数谮之,由是失爱于父,每使扫除牛下,祥愈恭敬。父母有疾,衣不解带,汤药必亲尝。有丹柰结实,母命守之,每风雨,祥辄抱树而泣。其笃孝纯至如此。母终,居丧毁悴,杖而后起。

【译文】

晋代太保王祥非常孝顺,他自幼丧母,继母朱氏不慈祥,几次在父亲面前诬陷他,因此父亲也不再疼爱他,父母经常让他打扫牛棚,可他对父母越来越恭谨。父母有病,他就不脱衣服,小心侍候。给父母喂汤喂药,他必亲口尝。他家有棵柰树结了果实,继母叫他看守,每次刮风下雨,王祥就抱着柰树哭泣。他诚实、孝顺、纯厚如此。继母死后,他在家守丧,因过度哀伤而损毁身体,要拄着拐杖才能站起来。

【原文】

西河人王延,九岁丧母,泣血三年,几至灭性。每至忌月,则悲泣三旬。继母卜氏,遇之无道,恒以蒲穰及败麻头与延贮衣。其姑闻而问之,延知而不言,事母弥谨。卜氏尝盛冬思生鱼,敕延求而不获,杖之流血。延寻汾凌而哭,忽有一鱼长五尺,踊出冰上,延取以进母。卜氏心悟,抚延如己生。

【译文】

西河人王延,九岁时母亲去世,他整整哀哭三年,几乎要死去。此后,每一年的忌月,他还要天天悲哭。他的继母卜氏,待他不好,经常用乱草和破麻给王延做棉衣。王延的姑姑听说后,就去问王延,王延不把这些事告诉姑姑,侍奉母亲却更加谨慎。后母卜氏有一次大冬天想吃活鱼,让王延去弄鱼,王延没有弄来,后母就用木棒打他,以致流血。王延沿着汾河边走边哭,忽然有一条鱼五尺多长,跳到冰面上来,王延赶快拿去进献给母亲。卜氏心里有所悔悟,从此之后,抚养王延就像自己的孩子一样。

【原文】

齐始安王谘议刘瑱父绍仕宋,位中书郎。瑱母早亡,绍被敕纳路太后兄女为继室。瑱年数岁,路氏不以为子,奴婢辈捶打之无期度。瑱母亡日,辄悲啼不食,弥为婢辈所苦。路氏生潇,瑱怜爱之,不忍舍,常在床帐侧。辄被驱捶,终不肯去。路氏病,经年,瑱昼夜不离左右。每有增加,辄流涕不食。

路氏病瘥,感其意,慈爱遂隆。路氏富盛,一旦为沨立斋宇,筵席不减侯王。

【译文】

齐始安王咨议刘沨的父亲刘绍在宋做官,位至中书郎。他的母亲早亡,刘绍被皇上敕令纳路太后哥哥的女儿为继室。这时刘沨仅几岁,后母路氏不把他看作自己的孩子,连那些奴婢们都时不时没深没浅地打他。刘沨每到生身母亲的忌日,就悲哀哭泣而不进食,这时就更加为那些奴婢们所欺侮。后来,路氏生下一个孩子叫潇,刘沨非常地怜爱他,不能割舍,经常守在床帐的旁边,常常被驱赶捶打,还是不肯离开。再后来,路氏患了病,大概有一年的时间,刘沨认真侍候,昼夜不离左右。路氏的病情每一加重,他就痛哭流涕,不吃饭。路氏病好之后,被他的一片孝心所感动,于是对他变得非常慈爱。路氏很有钱,到了给刘沨成家的时候,为他设宴席招待宾朋,其规模可以比得上王侯。

【原文】

唐宣歙观察使崔衍父伦为左丞,继母李氏不慈于衍。衍时为富平尉,伦使于吐蕃,久方归。李氏衣敝衣以见伦,伦问其故,李氏称伦使于蕃中,衍不给衣食。伦大怒,召衍责诟,命仆隶拉于地,袒其背,将鞭之。衍泣涕终不自陈。伦弟殷闻之,趋往以身蔽衍,杖不得下,因大言曰:"衍每月俸钱皆送嫂处,殷所具知,何忍乃言衍不给衣食?"伦怒乃解。由是伦遂不听李氏之譖。及伦卒,衍事李氏益谨。李氏所生次子,每多取母钱,使其主以书契征负于衍,衍岁为偿之。故衍官至江州刺史而妻子衣食无所余。子诚孝而父母不爱,则孝益彰矣,何患乎?

【译文】

唐代宣歙观察使崔衍的父亲崔伦担任左丞,继母李氏对崔衍不好。崔衍其时担任富平尉,父亲出使到了吐蕃,很长时间后才回来。李氏故意穿着破衣服去见崔伦,崔伦问她为什么穿这么破烂的衣服,李氏就谎称丈夫出使吐蕃期间,儿子崔衍不供给她衣食。崔伦听后大怒,把崔衍叫来责骂,并命令仆人将崔衍摁翻在地,揭开后背,要鞭打他。崔衍只是哭泣,但不自己说明原委。崔伦的弟弟崔殷获悉后,赶快跑去用身体遮蔽住崔衍,使得鞭杖不能打住崔衍。崔殷大声说:"崔衍每月的俸钱全部都送到了嫂子那里,我都知道,怎么忍心说崔衍不给衣食呢?"崔伦的怒气这才消解。从此之后,崔伦不再听李氏的诬告。等到崔伦死后,崔衍侍奉李氏更加谨慎。李氏所生的次子,经常向别人借钱,然后与债主订立契约,让崔衍来付债,崔衍每年都为他偿还债务。因此,崔衍官至江州刺史,薪俸非常优厚,但他的妻子儿女仍然生活困难。子女非常孝顺而父母不慈爱,那么他的孝顺的美名就更加远扬,这又有什么可怕的呢?

媳妇不孝儿之过

【原文】

或曰:妻子失亲之意则如之何?曰:《礼》:"子甚宜其妻父母不说,出。子不宜其妻,父母曰:是善事我。子行夫妇之礼焉,没身不衰。"

【译文】

有的人说:儿媳妇如果不孝顺公婆,那该怎么办呢?《礼记》对这个问题作了回答:"儿子非常喜欢他的妻子,但父母亲不喜欢,只能休掉。儿子不喜欢他的妻子,但父母亲说:她很会侍奉我。那么儿子就得和他的妻子过下去,白头到老。"

【原文】

汉司隶校尉鲍永,事后母至孝。妻尝于母前叱狗,永去之。

【译文】

汉代的司隶校尉鲍永,对后母非常孝顺。他的妻子有一次当着母亲的面呵斥狗,鲍永就把她休掉了。

【原文】

齐征北司徒记室刘,母孔氏,甚严明。年四十余未有婚对,建元中,高帝与司徒褚彦回为娶王氏女。王氏穿壁挂履,土落孔氏床上,孔氏不悦,即出其妻。

【译文】

齐征北司徒记室刘,母亲孔氏,治家非常严明。刘四十多岁的时候还没有娶上媳妇,建元年间,高帝和司徒褚彦回为他娶王氏女为妻。一次王氏在墙上钉钉子挂鞋,尘土掉在孔氏的床上,孔氏有些不高兴,刘就此修掉了自己的妻子。

【原文】

唐凤阁舍人李迥秀,母氏庶贱,其妻崔氏尝叱媵婢,母闻之不悦,迥秀即时出妻。或止之曰:"贤室虽不避嫌疑,然过非出状,何遽如此?"迥秀曰:"娶妻本以养亲,今违忤颜色,何敢留也!"竟不从。

【译文】

唐代凤阁舍人李迥秀,他的母亲出身很低贱,妻子有一次呵斥奴婢,母亲听后很不高兴,秀立刻就休掉了妻子。有人劝他说:"你妻子虽然不避嫌疑,伤害了你母亲,但她的过失还不至于如此,为什么这么急躁呢?"李迥秀回答说:"我娶妻子就是为了赡养母亲,如今妻子竟给母亲脸色看,我怎么敢再留她呢?"最终还是没有听从劝告。

【原文】

后汉郭巨家贫,养老母,妻生一子三岁,母常减食与之。巨谓妻曰:"贫乏不能供给,共汝埋子。子可再有,母不可再得。"妻不敢违,巨遂掘坑二尺余,得黄金一釜。或曰:"郭巨非中道。"曰:然以此教民,民犹厚于慈而薄于孝。

【译文】

东汉郭巨家里很穷,奉养着老母亲。妻子生下一个孩子已经三岁,郭巨的母亲常常自己少吃一点东西,省下来给小孙子吃。郭巨对妻子说:"咱家贫穷而不能让全家人都吃饱,你与我一起把孩子埋掉吧。孩子我们还可以再生,但母亲不可再有。"妻子不敢不同意,于是掘了一个二尺深的坑,却意外地发现里边有一锅黄金。有人议论说:"郭巨虽然是个孝子,但他的做法不人道。"我们说:尽管用这样极端的事例来教化民众,而民风仍然是厚于慈爱,薄于孝。

后母如母

【原文】

或曰：五母在礼，律皆同服。凡人事嫡、继、慈、养之情，乌能比于所生。或者疑于伪与。曰：是何言之悖也？在《礼》：为人后者，斩衰三年。传曰：何以三年也？受重者必以尊服服之。何如而可为之后？

同宗则可为之后。如何而可以为人后？支子可也。为所后者之祖、父母、妻、妻之父母、昆弟、昆弟之子若子。继母如母。传曰：继母何以如母？继母之配父与因母同。故孝子不敢殊也。慈母如母。传曰：慈母者，何也？妾之无子者、妾子之无母者，父命妾曰："以为子。"命子曰："女以为母。"若是，则生养之，终其身如母，死则丧之三年如母，贵父之命也。况嫡母，子之君也，其尊至矣。梁中军田曹行参军庾沙弥嫡母刘氏寝疾。沙弥晨昏侍侧，衣不解带。或应针灸，辄以身先试。及母亡，水浆不入口累日。初进大麦薄饮，经十旬，方为薄粥，终丧不食盐酱。

冬日不衣绵纩，夏日不解衰绖，不出庐户，昼夜号恸，邻人不忍闻。所坐荐泪沾为烂。墓在新林，忽有旅松百许株枝叶郁茂，有异常松。刘好啖甘蔗，沙弥遂不复食之。汉丞相翟方进，既富贵，后母犹在，进供养甚笃。太尉胡广年八十，继母在堂，朝夕瞻省，旁无几杖，言不称老。

汉显宗命马皇后母养肃宗，肃宗孝性纯笃，母子慈爱，始终无纤介之间。帝既专以马氏为外家，故所生贾贵人不登极位。贾氏亲宗，无受宠荣者。及太后崩，乃策书加贵人玉赤绶而已。古人有丁兰者，母早亡，不及养，乃刻木而事之。彼贤者，孝爱之心发于天性，失其亲而无所施，至于刻木，犹可事也，况嫡继慈养之存乎？圣人顺贤者之心而为之礼，岂有圣人而教人为伪者乎？

【译文】

有人说:对于亲生母亲、嫡母(妾生的子女称父亲的正妻)、继母、慈母(抚养自己成长的庶母)和养母,为她们服丧时都要穿同一规格的丧服。也有人认为,人对嫡母、继母、慈母和养母的恩情,都无法与生身母亲相比,所以为嫡、继、慈、养四母服丧,那都是一种伪善行为。

我们说:这话说得太违背常礼了吧?《礼记》说:做为人的后代,服丧时应该穿斩衰服(最重的一种丧服)三年。"传"解释说:为什么要服斩衰服三年呢?这是因为服重孝者必须穿尊服(斩衰三年)来服丧。怎样才算是家族的后代呢?

只要是同宗就可以作为后代。怎样才算是某一个人的后代呢?支子(嫡妻次子以下及妾子)就可以。为所后者的祖父、父母、妻子、妻子的父母、昆弟、昆弟的儿子和亲子一样。继母和亲生母亲一样。"传"解释说:继母为什么和亲生母亲一样?因为继母和生母是同一个丈夫。所以孝子不敢区别对待。慈母和亲生母亲一样。"传"解释说:慈母是什么人?没有子女的妾和妾生的孩子而又失去生母的,父亲命令妾说:"你把他当作你的亲生子。"又对孩子说:"你把她当作你的亲生母亲。"这样,慈母抚养你,你一生都要像亲生母亲一样对待慈母,慈母死后,要像生母一样为她服丧三年。这是因为尊重父命。至于嫡母,她是父亲的正妻,其尊贵是达到顶点了的。梁代中军田曹行的参军庾沙弥的嫡母刘氏患病卧床,沙弥每天从早到晚在她身边侍候,睡觉连衣服都不脱。有时要针灸,沙弥就用自己的身体先试。等到嫡母去世,沙弥好几天水浆不入口。开始只吃点大麦面糊,一百天之后,他才吃些稀饭,服丧期间他不吃盐酱。

他冬天不穿棉衣服,夏天不脱丧服,从不出家门,日夜痛哭,邻居都不忍心听到他的哭声。他坐的草垫被泪水浸湿腐烂。嫡母的墓葬在新林,那里忽然长出旅松一百多株,枝繁叶茂,不同于一般的松树。嫡母生前喜欢吃甘蔗,沙弥此后就不再吃甘蔗。汉代丞相翟方进发达之后,他的后母仍健在,他奉养后母很孝顺。太尉胡广八十岁的时候，继母建在，他朝夕侍奉，昏定晨省，继母面前他从不用拐杖，也不敢说自己年纪大。

汉显宗令马皇后像生母一样抚养肃宗，肃宗也非常孝顺，他们母子慈爱，始终都没有一点隔阂。肃宗把马氏一家当作自己的外戚，所以生他的贾贵人没有被立为太后，贾氏宗族的人，也没有一个得宠沾光的。等到太后马氏去世后，肃宗才下诏给了生母贾贵人一个玉赤绶，如此而已。古代有一个叫丁兰的人，他母亲死得早，他没有来得及奉养，他成人之后就用木头给母亲刻了一个牌位来供奉。那些有德行的人，孝敬父母之心出自本性，父母去世之后不能侍奉，还要刻牌位来供奉，况且嫡母、继母、慈母、养母在世呢？古代的圣人依据那些有德行的人的想法制定了礼，哪里有圣人教人去做假的呢？

养老送终，人之大事

【原文】

葬者，人子之大事。死者以窀穸为安宅，兆而未葬，犹行而未有归也。是以孝子虽爱亲，留之不敢久也。古者天子七月，诸侯五月，大夫三月，士逾月。诚由礼物有厚薄，奔赴有远近，不如是不能集也。国家诸今，王公以下皆三月而葬，盖以待同位外姻之会葬者适时之宜，更为中制也。《礼》：未葬不变服，啜粥，居倚庐，寝苫枕块，既虞而后有所变，盖孝子之心，以为亲未获所安，已不敢即安也。

【译文】

父母去世后安葬，是为人子女的一件大事。死亡的人把墓穴当作房屋，为死者选好墓地却未埋葬，就像活人出行而没有归家一样。因此孝子虽然很爱戴他的父母，但是留下他们的遗体也不敢太久。古代规定皇帝死后七个月下葬,诸侯五个月,大夫三个月,一般士民则是一个多月。由于送葬的礼物有厚薄,来参加葬礼的亲戚有路程远近之别,所以不这样分别规定期限,那些参加葬礼的人和礼物就不能聚齐。国家法令规定,王公以下的人死后三个月都要安葬,大概是要等待亲戚朋友都能会齐,这样更合适。《礼记》说:亡父亡母没有安葬,子女不能更换丧服,只能吃点稀饭,住在临时搭盖的简陋的棚子里,睡在草席上面,以土块为枕头。等到亡父亡母埋葬拜祭以后,穿戴居处才能有所改变。这大概是因为孝子的内心觉得父母没有安葬,自己也不敢安居。

【原文】

汉蜀郡太守廉范,王莽大司徒丹之孙也。父遭丧乱,客死于蜀汉,范遂流寓西州。西州平,归乡里。年五十,辞母西迎父丧。蜀都太守张穆,丹之故吏,重资送范。范无所受,与客步负丧归葭萌。载船触石破没,范抱持棺柩,遂俱沉溺。众伤其义,钩求得之,疗救仅免于死,卒得归葬。

【译文】

东汉蜀郡太守廉范,是王莽的大司徒廉丹的孙子。父亲遭遇战乱,客死于蜀汉,廉范就寄居在西周。西周平定之后,他回到家乡。五十多岁的时候,他辞别母亲到西蜀去迁葬亡父。蜀都太守张穆是廉丹的部下,送给廉范很多钱财,廉范一点也不接受,与别人一起带着亡父的棺柩步行回到葭萌县。他们乘坐的船只触石破裂沉没,廉范抱着父亲的棺柩一起沉入水中,众人为他的孝心所感动,将他和棺柩一起救起。经过抢救治疗,他没有死,终于回去安葬了父亲的棺柩。

【原文】

宋会稽贾恩,母亡未葬,为邻火所逼,恩及妻栢氏号泣奔救。邻近赴助,棺椁得免，恩及栢氏俱烧死。有司奏，改其里为"孝义里"，蠲租布三世，追赠恩显亲左尉。

【译文】

宋代会稽的贾恩，母亲去世还未来得及安葬，正碰上邻居失了火，烧到了自己家的院子里。贾恩和妻子栢氏一边哭泣，一边救火。邻近的人都赶来帮助救火，母亲的棺柩终于保住了，但贾恩和他的妻子却都被烧死了。地方官奏请皇上，因此而将贾恩居住的这条里弄改名为"孝义里"，免除这里的人三代的租税，并追封贾恩为显亲左尉。

【原文】

会稽郭原平，父亡，为茔圹凶功不欲假人，己虽巧而不解作墓，乃访邑中有茔墓者，助之运力，经时展勤，久乃闲练。又自卖丁夫以供众费。窀穸之事，俭而当礼，性无术学，因心自然。葬毕，诣所买主，执役无懈，与诸奴分务，让逸取劳，主人不忍使，每遣之。原平服勤，未尝暂替。佣赁养母，有余聚以自赎。

【译文】

会稽的郭原平，父亲去世，修造墓室不愿意用别人，但他自己虽然心灵手巧，却不会修造墓室，于是他寻找镇上专门营建墓室的匠人，帮人家干活，经过一段时间的勤学苦练，他终于学会了。他又出卖相当于十个劳动力的徭役，来解决为父亲下葬所需的费用。营造墓穴，应当既简单又符合礼仪，本来也没有什么学问，只要心诚合乎礼法就可以。郭原平安葬父亲后，就去那些买他劳动力的买主家，非常勤恳地干活。他与那些和他一起干活的佣人奴仆分工的时候，总是把轻松的活让给别人，自己选择累活。主人不忍心使用他，常常让他回去，但原平服役毫不懈怠，从没有让别人替代过。他靠为别人做佣人来养活母亲，如果生活有余，就赎回那些出卖的劳役。

【原文】

海虞令何子平，母丧去官，哀毁逾礼，每至哭踊，顿绝方苏。属大明末，东土饥荒，继以师旅，八年不得营葬。昼夜号哭，常如袒括之日，冬不衣絮，暑不就清凉，一日以数合米为粥，不进盐菜。所居屋败，不蔽风日，兄子伯与欲为葺理，子平不肯，曰："我情事未伸，天地一罪人耳，屋何宜覆？"蔡兴宗为会稽太守，甚加矜赏，为营冢圹。

【译文】

海虞令何子平，母亲去世后，辞官居丧，他哀悼母亲都超过了常礼，每次哭丧的时候，他都昏死过去，好半天才能苏醒过来。这时正是大明末，东部地区闹饥荒，接着又是战乱，他八年都无法安葬母亲。这期间，他昼夜号哭，就好像在服表期间一样。他冬天不穿棉衣，暑天不乘凉，每天仅吃很少的一点粥，不吃咸盐和蔬菜。他所住的房屋破败不堪，不能遮蔽风雨，他的侄儿伯与想为他修房，何子平不让修，说："我安葬母亲的事未完成，等于是一个有罪的人，怎么能住好房子呢？"这时蔡兴宗担任会稽太守，对他大加表彰和奖赏，并为他的母亲修建了墓室。

【原文】

新野庾震丧父母，居贫无以葬，赁书以营事，至手掌穿，然后成葬事。贤者于葬，何如其汲汲也。今世俗信术者妄言，以为葬不择地及岁月日时，则子孙不利，祸殃总至，乃至终丧除服，或十年，或二十年，或终身，或累世，犹不葬，至为水火所漂焚，他人所投弃，失亡尸柩，不知所之者，岂不哀哉！人所贵有子孙者，为死而形体有所付也。而既不葬，则与无子孙而死道路者奚以异乎？《诗》云："行有死人，尚或之。"况为人子孙，乃忍弃其亲而不葬哉！

【译文】

新野的庾震父母亲去世，家里贫穷无法安葬，他就靠为别人写字挣钱安葬父母，他写得手掌都烂了，才凑够钱安葬了父母。那些贤达之人安葬去世的父母，竟是如此的心情急切，现在的那些信奉巫术的人胡说八道，认为安葬亡父亡母如果不占卜选择风水宝地和吉利的年、月、日与时辰，就对子孙不利，各种祸事都会一起来。这些人以至于三年服丧结束，除去孝服之后，有的十年，有的二十年，有的甚至终身、好几代，仍不去安葬死去的父母。搞得父母的遗体被水毁火焚，或者被别人抛弃，连尸首都找不着。岂不悲哀！人有子孙的好处就是为了在去世之后有人来安葬自己。既然不去安葬，那么与无子孙而死在野外无人收尸有啥区别呢？《诗经》说："路上如果碰到死去的人，还有人来掩埋他。"何况是做子孙的，怎么能抛弃自己的父母不去安葬呢？

【原文】

唐太常博士吕才叙《葬书》曰：《孝经》云，"卜其宅兆而安厝之"。盖以窀穸既终，永安体魄，而朝市迁变，泉石交侵，不可前知，故谋之龟筮。近代或选年月，或相墓田，以为一事失所，祸及死生。按《礼》，天子、诸侯、大夫葬，皆有月数，则是古人不择年月也。《春秋》：九月丁巳葬宁公，雨，不克葬；戊午日中，乃克葬。是不择日也。郑简公司墓之室，当道，毁之则朝而窆，不毁则日中而窆，子产不毁。是不择时也。古之葬者，皆于国都之北，域有常处，是不择地也。今葬者，以为子孙富贵贫贱夭寿，皆因卜所致。夫子文为令尹而三已，柳下惠为士师而三黜，讨其邱垅，未尝改移。而野俗无识，妖巫妄言，遂于擗踊之际，择葬地而希官爵；荼毒之秋，选葬时而规财利。斯言至矣。夫死生有命，富贵在天，固非葬所能移。就使能移，孝子何忍委其亲不葬而求利己哉？世又有用羌胡法，自焚其柩收烬骨而葬之者，人习为常，恬莫之怪。呜呼！讹俗悖戾，乃至此乎？或曰：旅宦远方，贫不能致其柩，不焚之何以致其就葬？曰：如廉范辈，岂其家富也？延陵季子有言："骨肉归复于土，命也，魂气则无不之也。"舜为天子，巡狩至苍梧而殂，葬于其野。彼天子犹然，况士民乎！必也无力不能归其柩，即所亡之地而葬之，不犹愈于毁焚乎？或曰：生事之以礼，死葬之以礼，祭之以礼，具此数者，可以为大孝乎？曰：未也。天子以德教加于百姓，刑于四海为孝；诸侯以保社稷为孝；卿大夫以守其宗庙为孝；士以保其禄位为孝。皆谓能成其先人之志，不坠其业者也。

【译文】

唐朝的太常博士吕才叙《葬书》说：《孝经》里讲，"占卜葬地来安葬死者"。这大概是因为墓穴是终老之地，死者永远在这里安息，而人世上的事常有变迁，引水动土经常毁坏墓地，人们在初选墓地时又无法预知这些，所以才借助占卜来确定墓地。现在的人有的挑选年月，有的占卜墓地，以为这件事如果搞不好，就会带来生死祸事。按照《礼》的规定，天子、诸侯和大夫下葬，都有固定的月数，这说明古人是不选择下葬的年月的。《春秋》记载：九月丁巳安葬宁公，正好下雨，不能安葬；戊午日中的时候，得以安葬。这说明古人也不挑选日子。郑简公将墓室正好修在了路上，毁之则早晨落葬，不毁则中午落葬。子产不毁。这说明古人下葬是不挑选时间的。古代埋葬死者，都是在国都的北边，其地方是固定的，这说明古人下葬是不选择地方的。现在的人安葬死者，以为子孙的富贵、贫贱和长寿、短命都是因为占卜墓地的好坏。子文担任令尹的时候，三次被解职，柳下惠担任士师官的时候，三次被罢免，但他们并没有去改换自家的墓地。而那些野俗无知之人，听信妖巫胡说八道，便在重丧之时，挑选墓地而觊觎高官厚禄；哀痛之际，挑选下葬的吉日良辰来窥视财力。这话说得太对了。这个世界上，死生有命，富贵在天，本来就不是丧葬之事所能左右的。即使能左右，作为孝子又怎么能忍心放下父母不去安葬，而以此来谋划对自己有利的事呢？当世又有用羌、胡等少数民族安葬死人的方法的，把父母亲人的灵柩焚烧之后收其骨灰来埋葬，人们已习以为常，对此举安然无所怪。呜呼！有悖于礼法的行为竟到了如此的地步！有人说：如果在外地做官旅行，而又贫穷，不能将灵柩运回故乡，像这种情况不烧成骨灰，怎么能运回故乡安葬呢？我们说：像廉范那些人，难道他们的家很富有吗？延陵季子曾说过：人死之后身体归葬于大地，这表明他没有生命了，但他的灵魂还能够到处飘荡。舜帝在位时，出巡狩猎到达苍梧而崩殂，舜便葬在了那里。人家贵为天子，还如此，而况我们一般人呢？如果确实没有能力将先人的灵柩运回故乡，那么就在所亡之地安葬，这不比焚烧掉好吗？有人问：父母亲活着的时候，按礼法来侍奉，死后再按礼来安葬，然后按礼数来祭祀，这几件事如果做好了，就可以算作是大孝子了吧？回答说：还不算。天子将仁德教化布于百姓，达于四海为孝；诸侯以能够保有祖宗传下来的江山社稷为孝；卿大夫以能够守住宗庙光宗耀祖为孝；士官以能够保住自己的俸禄地位为孝。这都是说，能够继承先人的遗志，不使祖宗开创的事业毁于自己之手，这才是大孝。

养老送终不算孝，光宗耀祖方为孝

【原文】

晋庾衮父戒衮以酒，衮尝醉，自责曰："余废先人之戒，其何以训人？"乃于父墓前自杖三十。可谓能不忘训辞矣。

【译文】

晋代的庾衮，父亲让他戒掉酗酒的习惯，可是有一次庾衮饮酒大醉，他非常自责地说："我违反了父亲的戒规，还怎么去训导别人呢？"于是他到父亲的坟墓前，自己打了自己三十棍。他可以说是不忘父亲的遗训了。

【原文】

《诗》云:"题彼脊令,载飞载鸣,我日斯迈,而月斯征。夙兴夜寐,无忝尔所生。"

【译文】

《诗经》说:"那脊令鸟啊,又飞又叫。我已经渐渐地老了,可你的岁月还很长。要早起晚睡辛勤劳作,不要有愧于你的一生。"

【原文】

《经》曰:立身行道,扬名于后世,以显父母,孝之终也。又曰:事亲者,居上不骄,为下不乱,在丑不争。居上而骄则亡,为下而乱则刑,在丑而争则兵。三者不除,虽日用三牲之养,犹为不孝也。

【译文】

《孝经》说:子女立身守志,遵守道德,扬名于后代,光宗耀祖,这才是孝顺父母的最高表现。又说:子女孝顺父母,表现在身居高位而不骄傲,处于下民的地位却不作乱,在逆境之中却不争斗。如果身居高位而骄傲就会自取灭亡,为下民而去作乱,就会受到惩处,身处逆境却要争斗,就会受到伤害。这三者不消除,即便你每天用牛、羊、猪肉等供养父母,还是属于不孝顺父母。

【原文】

《内则》曰:"父母虽没,将为善,思贻父母令名,必果;将为不善,思贻父母羞辱,必不果。"

【译文】

《内则》说:"父母虽然去世,子女要做一件好事,想到这样会带给父母美名,就一定能做成;子女要做坏事的时候,想到这样会使父母蒙受羞辱,就会停下来不去做。"

【原文】

公明仪问于曾子曰:"夫子可以为孝乎?"曾子曰:"是何言欤!是何言欤!君子之所谓孝者,先意承志,谕父母于道。参直养者也,安能为孝乎。"

【译文】

公明仪问曾子说:"您算得上是孝子吗?"曾子说:"这是什么话啊!这是什么话啊!古代的君子所说的孝子,父母没有发话就能知道父母的意思,而且能用道来引导父母,使父母明白更多的道理。我对父母,只是养老送终而已,怎么能称得上是孝子呢?"

【原文】

曾子曰:"身也者,父母之遗体也。行父母之遗体,敢不敬乎?居处不庄非孝也,事君不忠非孝也,莅官不敬非孝也,朋友不信非孝也,战陈无勇非孝也。五者不备,灾及其亲,敢不敬乎?亨熟膻芗,尝而荐之,非孝也。君子之所谓孝也,国人称愿,然曰:幸哉,有子如此!所谓孝也已。"为人子能如是,可谓之孝有终矣。

【译文】

曾子说:"身体,是父母所给的。对于父母遗留下来的身体,子女敢不恭敬对待吗?所以子女居家处事不庄重,就是不孝顺;侍奉君主不忠诚,就是不孝顺;做官不奉公守法就是不孝顺;交友而不讲信运就是不孝顺;在战场上不勇敢就是不孝顺。不具备以上五种孝顺,灾祸将殃及父母,能不恭敬从事吗?亨熟膻香,食物饮品,尝过之后献给父母,这算不上孝顺。君子所说的孝顺,指的是国人对父母称赞说:幸福啊,你有这样的子女!这才是所说的孝顺。"做为人的子女,能够做到这些,就可以称得上是为孝而能尽善尽美,善始善终。

温公家范 卷六

女孙伯叔父侄女女子也应学诗书

【原文】

《礼》:女子十年不出,姆教婉娩听从,执麻枲,治丝茧,织纴组紃,学女事以共衣服。观于祭祀,纳酒浆笾豆菹醢,礼相助奠。十有五年而笄,二十而嫁。古者妇人先嫁三月,祖庙未毁,教于公宫;祖庙既毁,教于宗室。教以妇德、妇言、妇容、妇功,教成祭之牲用鱼,苹之以藻,所以成妇顺也。

【译文】

《礼记》说:女子十岁不出闺门,学习妇道:向女师学习柔顺,听从长者的教诲,学习织麻纺绳纺纱织布,学习女红、缝纫。观察学习祭祀之礼,学习祭祀中献酒摆设祭器等各种礼数。女子十五岁举行插簪之礼,已进入成人。二十岁出嫁。古时候,女子出嫁前三个月,如果祖庙未毁,就在公宫接受教育;祖庙毁掉之后,就在宗室接受教育。主要学习妇德、妇言、妇容、妇功等,学成之后再用鱼祭祀,用野菜装妆,这样才能成为一个符合妇德的女子。

【原文】

曹大家《女戒》曰:今之君子徒知训其男,检其书传,殊不知夫主之不可不事,礼义之不可不存。但教男而不教女,不亦蔽于彼此之教乎?《礼》:八岁始教之书,十五而志于学矣!独不可依此以为教哉。夫云妇德,不必才明绝异也；妇言，不必辩口利辞也；妇容，不必颜色美丽也；妇功，不必工巧过人也。清闲、贞静、守节、整齐，行已有耻，动静有法，是谓妇德。择辞而说，不道恶语，时然后言，不厌于人，是谓妇言。盥浣尘秽，服饰鲜洁，沐浴以时，身不垢辱，是谓妇容。专心纺绩，不好戏笑，洁斋酒食，以奉宾客，是谓妇功。此四者，女之大德，而不可乏者也。然为之甚易，唯在存心耳。凡人，不学则不知礼义。不知礼义，则善恶是非之所在皆莫之识也。于是乎有身为暴乱而不自知其非也，祸辱将及而不知其危也。然则为人，皆不可以不学，岂男女之有异哉？是故女子在家，不可以不读《孝经》《论语》及《诗》《礼》，略通大义。其女功，则不过桑麻织绩、制衣裳、为酒食而已。至于刺绣华巧，管弦歌诗，皆非女子所宜习也。古之贤女无不好学，左图右史，以自儆戒。

【译文】

曹大家的《女戒》说：如今的君子只知道教育他们的儿子，让儿子读书学习，却不知道对于女子来说，丈夫不能不侍奉，礼义也不能丢弃。只教育儿子却不教育女儿，不也忽视了男女之间的礼仪教育吗？《礼记》说：八岁开始教孩子读书，十五岁就要立志学习。但不能以此作为女子的教育方法，所谓有妇德，不必才华绝代；妇人应有的言谈应对，也不必辩口利辞；妇容，不必化妆得多么美丽；妇功，也不必工巧过人。清闲、贞静、守节、整齐，举止知廉耻，动静有章法，这就是妇德。说话懂得挑选词句，不说坏话，适时而言，不让他人讨厌自己，这就是妇言的修养。洗刷衣物尘垢，做到服饰整洁，按时沐浴，干净卫生，这就是妇容。专心于纺织，不随便嬉笑戏闹，制备酒食佳肴，招待宾客，这就是妇功。以上四者，是女子最大的妇德，不能没有。这些做起来非常容易，关键是要时时铭记在心。做为一个人，不学习就不知道礼义法则；不知道礼义法则，就不能辨别善恶是非。于是自己违法作乱却不知道自己的错误，祸辱临身却不知道其危险。这样看来，为人都不能不学习，怎么能因为男女的差别而不去学习呢？因此女子在家，不可以不读《孝经》《论语》以及《诗经》《礼记》，最起码要略通其大意。至于女功，不过是桑麻织布、做衣裳、办酒食等等，至于刺绣花巧、管弦歌诗，都不适合女子学习。纵观古代的贤能女子没有不好学的，左图右史，广泛涉猎，以此来提高自身的修养。

【原文】

汉和熹邓皇后，六岁能史书，十二通《诗》《论语》。诸兄每读经传，辄下意难问，志在典籍，不问居家之事。母常非之，曰："汝不习女工，以供衣服，乃更务学，宁当举博士耶？"后重违母言，昼修妇业，暮诵经典，家人号曰"诸生"。其余班婕妤、曹大家之徒，以学显当时，名垂后来者多矣。

【译文】

汉代和熹邓皇后，六岁就能读史书，十二岁通晓《诗经》《论语》。她的几个哥哥每次诵读经传的时候，她就虚心请教，她的志向爱好全在学习典籍，不喜欢过问居家生活等事。母亲经常责难她说："你不学习女工，以备将来制作衣服，却去读书学习，难道要考博士吗？"邓皇后仍旧爱学习，于是她白天学习妇业，晚上就诵读经书，家里人称她为"诸生"。其他的像班婕妤、曹大家等人，以学问文章显扬当时，名垂后来的女子很多。

【原文】

汉珠崖令女名初，年十三。珠崖多珠，继母连大珠以为系臂。及令死，当还葬。法，珠入于关者，死。继母弃其系臂珠，其男年九岁，好而取之，置母镜奁中，皆莫之知。遂与家室奉丧归，至海关。海关候吏搜索，得珠十枚于镜奁中。吏曰："嘻！此值法，无可奈何，谁当坐者？"初在左右，心恐继母去置奁中，乃曰："初坐之。"吏曰："其状如何？"初对曰："君子不幸，夫人解系臂去之。初心惜之，取置夫人镜奁中，夫人不知也。"吏将初劾之。继母意以为实，然怜之。因谓吏曰："愿且待，幸无劾儿。儿诚不知也。儿珠，妾系臂也。君不幸,妾解去之,心不忍弃,且置镜奁中。迫奉丧,忽然忘之。妾当坐之。"初固曰:"实初取之。"继母又曰:"儿但让耳,实妾取之。"因涕泣不能自禁。女亦曰:"夫人哀初之孤,强名之以活,初身,夫人实不知也。"又因哭泣,泣下交颈。送丧者尽哭哀恸,傍人莫不为酸鼻挥涕。关吏执笔劾,不能就一字。关候垂泣,终日不忍决,乃曰:"母子有义如此,吾宁生之,不忍加文。母子相让,安知孰是?"遂弃珠而遣之。既去,乃知男独取之。

【译文】

汉代珠崖令有个女儿名字叫初,十三岁。珠崖这个地方宝珠很多,初得继母将一些大的宝珠串起来,系在手臂上作妆饰。后来珠崖令去世,家里人要将他的灵柩运回家乡安葬。当时的法令规定,有携带珠宝进入关内的,判死刑。初的继母只好丢弃了他系在胳臂上的那串珠子,初的弟弟年方九岁,因为喜爱就把那串珠子捡起来,放在了母亲的化妆盒里,谁也没有看见这一切。全家人扶柩来到海关,海关守吏检查的时候,从化妆盒里找出十枚珠子。守吏说:"啊!这正好触犯了法令,我们也没有办法,你们家谁出来承担这个罪责接受惩罚呢?"初在旁边,她心想,恐怕是继母摘下来放在化妆盒里的,就说:"由我来承担。"守吏问:"你是怎么放进去的?"初回答说:"我父亲不幸去世,我继母将系在胳臂上的珠子解下来扔掉,我觉得很可惜,就捡起来放在了继母的化妆盒里,继母并不知道这件事。"于是守门的官吏就要给初记录犯罪事实。初的继母以为真是这么回事,然而,她有些怜悯初,就对那守门的官吏说:"请等一下,千万不要录我女儿的罪过,其实她根本就不知道。是她的珠子,我系在了臂上。因夫君去世,需归家安葬,我便将珠子解下来,但不忍心丢弃,就暂且放在了化妆盒里。后来由于办理丧事很急迫,就忘了这件事。所以我应当承担责任。"初还在坚持说:"确实是我捡起来放进去的。"继母又说:"你别再争执了,这失误确实是我造成的。"于是她流泪哭泣,不能自禁。初也说:"夫人是看见我是个没有父母的孩子,可怜我,所以她才冒名顶替要救我,其实就是我亲身犯法,夫人确实不知道这件事。"她也哭起来,泪流满面。那些送丧的人也都非常悲痛地哭起来,旁边的人没有不掉泪的。守门的官吏用笔记录,竟因哭泣而不能写一个字。守关的人流着泪,始终不忍心做出有罪的决定,便说:"这母子俩如此有情义,我宁愿来承担责任,也不忍心记录和上报她们的过失。而且,她们母子相互争执,怎么能知道谁是谁非呢?"于是便将那些珠子扔掉,把她们母子放走了。初和继母离去之后才知道珠子是初的弟弟放进去的。

谁说女子不如男

【原文】

宋会稽穷人陈氏,有女无男。祖父母年八九十,老无所知。父笃癃疾,母不安其室。遇岁饥,三女相率于西湖采菱莼,更日至市货卖,未尝亏食,乡里称为义门,多欲娶为妇。长女自伤茕独,誓不肯行。祖父母寻相继卒,三女自营殡葬,为庵舍居墓侧。

【译文】

宋会稽寒人陈氏,有女儿没有儿子。祖父和祖母年纪都在八九十岁,老得有些糊涂了,什么事情都不知道。父亲身患重病,母亲弃家而去。

家里如此艰难,遇到饥荒年月,三个女儿就一起到西湖去采菱角,第二天到集市上去卖,她们竟然能够很好地养活年老的祖父、祖母和重病的父亲,乡里称赞她们家为"义门",周围的许多男子都想娶她们姊妹三人做媳妇。长女想到父亲膝下无子,非常孤独,便不愿出嫁。祖父祖母不久相继去世,三姐妹靠自己将他们安葬,并在坟墓旁边结庐守墓。

【原文】

又诸暨东洿里屠氏女,父失明,母痼疾,亲戚相弃,乡里不容。女移父母,远住纻舍,昼采樵,夜纺绩,以供养。父母俱卒,亲营殡葬,负土成坟。乡里多欲娶之,女以无兄弟,誓守坟墓不嫁。

【译文】

还有诸暨东洿里屠氏家的女儿,她的父亲是个瞎子,母亲有很重的病,她家的亲戚和本乡近邻没有人肯帮助他们。屠氏的女儿将父母亲搬迁到远处的纻舍,她白天砍柴,晚上织布,来供养父母。父母先后去世,她亲自安葬他们,一个人靠担土为父母亲做成坟丘。乡里的人知道她很贤惠,很多人家都想娶她做媳妇,可她想到自己家里没有兄弟,便决定自己为父母守坟,不肯出嫁。

【原文】

唐孝女王和子者,徐州人,其父及兄为防狄卒,戍泾州。元和中,吐蕃寇边,父兄战死,无子,母先亡。和子年十七,闻父兄殁于边,披发徒跣缞裳,独往泾州,行丐,取父兄之丧归徐营葬,植松柏,剪发坏形,庐于墓所。节度使王智兴以状奏之,诏旌表门闾。此数女者,皆以单茕事其父母,生则能养,死则能葬,亦女子之英秀也。

【译文】

唐代的孝女王和子,是徐州人,她的父亲和哥哥从军戍边,驻扎在泾州。元和年间,吐蕃侵犯边疆,和子的父亲和哥哥战死在战场上,家里再没有儿子了,而且母亲早年就去世了。这时和子年仅十七岁,她听说父亲、哥哥死于边疆,就披麻戴孝,赤足步行,独自前往泾州。她沿途乞讨,终于来到泾州,找到父兄的遗体,并带回徐州安葬。她在墓地旁边种植松柏,剪掉头发,毁坏自己的容貌,在墓地旁边结庐而居。节度使王智兴将和子的这些情况奏闻皇上,皇上下诏表彰和子。以上这几个女子,都是以自己一个人的力量来侍奉父母，父母活着的时候，她们能够赡养；父母死后，她们能够安葬，也可以称得上是女中英杰了。

【原文】

唐奉天窦氏二女，虽生长草野，幼有志操。永泰中，群盗数千人剽掠其村落。二女皆有容色，长者年十九，幼者年十六，匿岩穴间。盗曳出之，骑逼以前。临壑谷，深数百尺，其姊先曰："吾宁就死，义不受辱！"即投崖下而死。盗方惊骇，其妹从之自投，折足败面，血流被体。盗乃舍之而去。京兆尹第五琦嘉其贞烈，奏之，诏旌表门闾，永蠲其家丁役。二女遇乱，守节不渝，视死如归，又难能也。

【译文】

唐代奉天有窦氏姐妹俩，虽然出生在寻常人家，但很小的时候就颇有志气节操。永泰年间，数千强盗来她们居住的村落劫掠，她们姐妹俩长得都很漂亮，姐姐十九岁，妹妹十六岁，藏匿在洞穴里。强盗搜出她们，将她俩拉出来，然后骑着马逼她俩往前走。走到一处数百尺深的悬崖旁边，姐姐先说："我宁可去死也不受侮辱！"说罢，跳崖而死。强盗们正在惊骇之中，妹妹也跟着跳了下去，摔断了脚，毁坏了容颜，血流满身。于是这群强盗不再去理会她们，离开了这里。京兆尹第五琦嘉其严守贞操，于是奏闻皇上。皇上下诏表彰她们，并永远免除她们家的丁役。这两个女子遭遇匪乱，尚能严守贞节，视死如归，实在是难能可贵啊！

【原文】

汉文帝时，有人上书，齐太仓令淳于意有罪，当刑，诏狱逮系长安。意有五女，随而泣。意怒，骂曰："生女不生男，缓急无可使者。"于是少女缇萦伤父之言，乃随父西，上书曰："妾父为吏，齐中称其廉平，今坐法当刑。妾切痛死者不可复生,而刑者不可复属,虽欲改过自新,其道莫由,终不可得。妾愿入身为官婢,以赎父刑罪,便得改行自新也。"书闻,上悲其意。此岁中亦除肉刑法。缇萦一言而善,天下蒙其泽,后世赖其福,所及远哉。

【译文】

汉文帝时,有人上书说齐太仓令淳于意犯了罪,应当受到惩处。文帝下诏将淳于意逮捕,关进长安的监狱。

淳于意有五个女儿,她们跟在父亲后边哭泣。淳于意发怒,骂道:"我只生了女儿,没生儿子,有了事情,没有人能够出来帮忙。"他的小女儿缇萦感伤于父亲的话语,便跟随父亲西行至长安,上书文帝说:"我父亲当官,齐地人都称赞他廉洁、公正。他如今犯罪,理当受刑,但我悲痛的是死者不能复生,受刑的人不能再肢体完好,即便他想改过自新,也没有途径,最终还是不可能了。我愿自己进官府做奴婢,以赎免父亲的罪行,使他能够改过自新。"汉文帝看过她的上书,悲悯她的孝心,就免了她父亲的罪。这一年,朝廷还废除了肉刑法。只因为缇萦一句话说得好,普天下的百姓都享受恩泽,后人也受益于她的恩惠,她的恩泽所及太远了。

【原文】

后魏孝女王舜者,赵邹人也。父子春与从兄长忻不协。齐亡之际,长忻与其妻同谋,杀子春。舜时年七岁。又二妹,粲年五岁,璠年二岁,并孤苦,寄食亲戚。舜抚育二妹,恩义甚笃。而舜阴有复仇之心,长忻殊不备。姊妹俱长,亲戚欲嫁,辄拒不从。乃密谓二妹曰:"我无兄弟,致使父仇不复,吾辈虽女子,何用生为?我欲共汝报复,何如?"二妹皆垂涕曰:"唯姊所命。"夜中,姊妹各持刀逾墙入,手杀长忻夫妇,以告父墓。因诣县请罪,姊妹争为谋首,州县不能决。文帝闻而嘉叹,原罪。《礼》:"父母之仇,不与共戴天。"舜以幼女,蕴志发愤,卒袖白刃以戡仇人之胸,岂可以壮男子反不如哉!

【译文】

后魏有一个孝女叫王舜,赵邹人。她的父亲子春和从兄长忻不和,齐国灭亡的时候,长忻与他的妻子同谋,杀死了子春。这时王舜才七岁,还有两个妹妹,王粲五岁,王璠年仅两岁。她们姐妹三人孤苦无依,寄居在亲戚家里。王舜照顾两个妹妹,姊妹三人感情非常好。王舜心里一直有为父亲复仇的打算,长忻却没有一点防备。她们姐妹几个逐渐长大了,亲戚家张罗着为王舜寻婆家,但王舜总是不肯出嫁。她悄悄对两个妹妹说:"我没有兄弟,所以杀父之仇一直未报,我们虽然是女子,但活着难道就没有用?我想和你们俩一起为父报仇,怎么样?"两个妹妹都流泪说:"我们听你的。"晚上,姐妹三人每人都手持一把刀,翻墙进了长忻的宅院,亲手杀死了长忻夫妇,并到父亲的墓前告慰父亲的灵魂。然后她们到县衙自首,请求治罪,姐妹三人争着承认自己是首犯,州官和县官都不能判决。孝文帝听说了这件事,并颇为姐妹三人的举动所感动,于是竟原谅了她们的罪。《礼记》说:"父母之仇,不共戴天。"王舜仅仅是个小女孩子,而能蓄志发愤,亲手杀死杀父仇人,为父报仇,那么作为男子,怎么能够连一个女子都不如呢?

孙

后代子孙莫败家

【原文】

《书》曰:"辟不辟,忝厥祖。"《诗》云:"无忘尔祖,聿修厥德。"然则为人而怠于德,是忘其祖也,岂不重哉!

【译文】

《尚书》说："人如果有罪过就会使他的祖上蒙羞。"《诗经·大雅·文王》说："不要忘记你的祖先,要继承发扬先人的德业。"这样说来,做人如果不修德行,是忘记了他的祖宗。这难道不重要吗?

【原文】

晋李密,犍为人,父早亡,母何氏改醮。

密时年数岁,感恋弥至,烝烝之性,遂以成疾。祖母刘氏躬自抚养。

密奉事以孝谨闻,刘氏有疾则泣,侧息,未尝解衣。饮膳汤药,必先尝后进。仕蜀为郎,蜀平,泰始诏征为太子洗马。密以祖母年高,无人奉养,遂不应命。上疏曰:"臣无祖母,无以至今日。祖母无臣,无以终余年。母孙二人更相为命,是以私情区区,不敢弃远。臣密今年四十有四,祖母刘氏今年九十有六,是臣尽节于陛下之日长,而报养刘氏之日短也。乌鸟私情,乞愿终养。"武帝矜而许之。

【译文】

西晋的李密,犍为人,父亲早死,母亲何氏改嫁。这时李密只有几岁,他性情淳厚,恋母情深,思念成疾。祖母刘氏亲自抚养他。李密侍奉祖母以孝顺和恭敬闻名当时,祖母刘氏一有病,他就哭泣,侍候祖母,夜里未曾脱衣。为祖母端饭菜、端汤药,他总要尝过之后才让祖母用。他后来在蜀汉做郎官。蜀中平定后,泰始初年,晋武帝委任他为太子洗马。他因为祖母年高,无人奉养,没有接受官职。他上书武帝说:"我如果没有祖母,也就不能活到今天。祖母如果没有我,就不能安度晚年。我们祖孙二人相依为命,因为我的区区私情,我不敢离开祖母而远行。我今年四十四岁,祖母今年九十六岁,我为陛下效劳的时日还很长,可是我报恩于祖母的日子却很短。因奉养老人的私情,我请求皇上准许我为祖母养老送终。"武帝同情他,并同意了他的请求。

【原文】

齐彭城郡丞刘,有至性,祖母病疽经年,手持膏药,溃指为烂。

【译文】

齐彭城郡丞刘,性情至孝,祖母身患毒疮,经年不愈,他就手拿膏药,亲自为祖母敷药治疮,以至于手指都溃烂了。

【原文】

后魏张元,芮城人,世以纯至为乡里所推。元年六岁,其祖以其夏中热甚,欲将元就井浴,元固不肯。祖谓其贪戏,乃以杖击其头曰:"汝何为不肯浴?"元对曰:"衣以盖形,为覆其亵。元不能亵露其体于白日之下。"祖异而舍之。年十六,其祖丧明三年,元恒忧泣,昼夜读佛经礼拜,以祈福佑。每言"天人师乎?元为孙不孝,使祖丧明,今愿祖目见明,元求代暗。"夜梦见一老翁,以金鎞疗其祖目,元于梦中喜跃,遂即惊觉,乃遍告家人。三日,祖目果明。其后,祖卧疾再周,元恒随祖所食多少,衣冠不解,旦夕扶侍。及祖没,号踊,绝而复苏。复丧其父,水浆不入口三日。乡里咸叹异之。县博士杨辄等二百余人上其状,有诏表其门闾。此皆为孙能养者也。

【译文】

后魏时候的张元,芮城人,以性格纯厚为乡里所推崇。张元六岁的时候,他的祖父认为夏天的中午非常炎热,想把他带到水池边洗澡,可是张元坚决不肯。祖父以为他贪玩,就用手杖打他的头,问他:"你为什么不愿意洗澡?"他回答说:"穿衣服是为了遮体避羞。我不能在大天白日袒露自己的身体。"祖父听了他的话觉得惊异,就放过了他。到他十六岁的时候,祖父已失明三年,张元为此忧愁、哭泣,日夜诵经拜佛,祈求神灵保佑。他常常这样说:"是天人师如来吗?我为孙而不孝,使祖父失明,现在我愿意让祖父重见光明,让我来代替他失明。"这天夜晚,他梦见有个老头,用金鎞治疗祖父的眼睛,张元在梦中高兴得跳起来,于是惊醒。他将这个梦告诉了家里的每一个人。过了三天,祖父的眼睛果然重见光明。此后,祖父卧病在床,持续了两周,张元一直侍候着祖父的饮食,而且衣不解带,昼夜不离。等祖父病死,他哭得死去活来。接着又丧父,他三天水米未进,乡里的人们都为之赞叹称奇。县博士杨辄等二百多人上书皇帝,陈述张元的孝行,皇帝便下诏表彰。这些事例都是为人之孙能够赡养祖父的典范。

【原文】

唐仆射李公,有居第在长安修行里,其密邻即故日南杨相也。丞相早岁与之有旧,及登庸,权倾天下。相君选妓数辈,以宰府不可外馆,栋宇无便事者,独书阁东邻乃李公冗舍也,意欲吞之。垂涎少俟,且迟迟于发言。忽一日,谨致一函,以为必遂。及复札,大失所望。又逾月,召李公之吏得言者,欲以厚价购之。或曰:水竹别墅交质。李公复不许。又逾月,乃授公之子弟官,冀其稍动初意,竟亡回命。有王处士者,知书善棋,加之敏辩,李公寅夕与之同处,丞相密召,以诚告之,托其讽谕。王生怃奉其旨,勇于展效。然以李公褊直,伺良便者久之。一日,公遘病,生独侍前,公谓曰:"筋衰骨虚,风气因得乘间而入,所谓空穴来风,枳枸来巢也。"生对曰:"然,向聆西院,枭集树杪,某心忧之,果致微恙。空院之来妖禽,犹枳枸来巢矣。且知赍器换缯,未如鬻之,以赡医药。"李公卞急,揣知其意,怒发上植,厉声曰:"男子寒死,馁死,鵩窥而死,亦其命也。先人之敝庐,不忍为权贵优笑之地。"挥手而别。自是,王生及门,不复接矣。

【译文】

　　唐代仆射李公,有一所居住的宅第在长安修行里,紧挨着他们的邻居就过去的南杨相。丞相先前与李公就有来往,等到他一朝成为宰相,权倾天下。丞相从各地挑选来了许多歌妓舞女,他认为宰相的府第不适合让这些歌女居住,而且一时也找不到合适的房舍,唯独东邻李公家有多余的房舍,他很想夺过来。丞相对李公的房子垂涎欲滴,现在只不过是在等待机会,而且迟迟没敢张嘴。一天,丞相很客气地给李公写了一封书信,而且自认为肯定一锤定音。等到李公回信后,令他大失所望。过了一个多月,丞相派人对李公说,丞相想出大价钱购买李公的房子。还说,用丞相的水竹别墅作为抵押也可以。李公再次拒绝。又过了一个多月,丞相提拔李公的子弟做官,希望李公能改变初衷。然而,竟没有回音。当地有一个王处士,知书善棋,而且能说会道,李公与他经常在一起。丞相悄悄将王处士叫去,把事情告诉他,让他给想办法成全此事。王处士很痛快地接受了请托,而且立刻去积极地张罗此事。然而,他知道李公这个人不好说话,他寻找机会已经很长时间了。有一天,李公病了,王处士独自陪伴李公。李公对他说:"我筋衰骨虚,冷风寒气于是能够乘虚而入。这就像是人们所说的,空穴容易来风,有枳枸就会有鸟来筑巢。"王处士答道:"对呀,先前我听到你的西院里,有枭鸟齐集树梢的声音,我当时就很为此忧心,不想你果真就病了。我分析,空着的院落容易招来这些怪鸟,就好像枳枸会招来鸟筑巢一样。而且你现在拿家里的东西去换钱,倒不如将西院的房舍卖掉,用来为你治病。"不料,李公一下子急了眼,他揣摩王处士可能是为丞相做说客,因此大怒,以致头发都竖了起来。他厉声说:"男子汉即便是受冻受饿而死,那也听天由命去吧!祖先留下的房舍,我怎么忍心让它变成权贵的歌妓舞女调笑的地方呢?"于是他挥手与王处士作别。从此之后,王处士再来做客,他不去接待。

【原文】

平庐节度使杨损,初为殿中侍御史,家新昌里,与路岩第接。岩方为相,欲易其厩以广第。损宗族仕者十余人议曰:"家世盛衰,系权者喜怒,不可拒也。"损曰:"今尺寸土,皆先人旧物,非吾等所有,安可奉权臣邪!穷达,命也。"卒不与。岩不悦,使损按狱黔中。年余还。彼室宅,尚以家世旧物,不忍弃失,况诸侯之于社稷,大夫之于宗庙乎?为人孙者,可不念哉!

【译文】

平庐节度使杨损,起先担任殿中侍御史时,家住在新昌里,与路岩的住宅相邻。路岩当时刚担任宰相,想买杨损家的马圈来扩大庭院。杨损家族的十多个当官的子弟商议说:"家世的盛衰,都决定于当权者的喜怒哀乐,我们不能拒绝这件事。"杨损说:"我们家的尺土寸地,都是祖先留给我们的遗产,并不是我们自己的,怎么能将它奉送给权臣呢?穷困与发达,那都是命。"最终还是没有把马圈卖给路岩。路岩不高兴,就派杨损到贵州去巡视监狱。一年之后杨损才得以回来。就连房屋住宅,他们都因为是祖传的资产,不忍舍弃,更何况诸侯对于社稷、大夫对于宗庙呢?为人子孙后辈,能不念及祖宗吗?

伯叔父

舍子救侄,感人肺腑

【原文】

《礼》:"服,兄弟之子,犹子也。"盖圣人缘情制礼,非引而进之也。

【译文】

《礼记》说:"从血统上讲,兄弟的子女,就像是自己的子女一样。"大概圣人也是根据人情来制定礼的,并不是要强行规定什么。

【原文】

汉弟五伦性至公。或问伦曰:"公有私乎?"对曰:"吾兄子尝病,一夜十往,退而安寝。吾子有病,虽不省视,而竟夕不眠。若是者,岂可谓无私乎?"伯鱼贤者,岂肯厚其兄子不如其子哉?直以数往视之,故心安;终夕不视,故心不安耳。而伯鱼更以此语人,益所以见其公也。

【译文】

汉第五伦为人很公正。有人问他说:"你有私心吗?"他回答说:"我哥哥的孩子有一次生了病,我一晚上去看了十次,但回来后就能睡着觉;我的孩子有病,我虽然不怎么去看,但却因为担心而整夜睡不着觉。像这样,怎么能说是没有私心呢?"他是个有德行的人,怎么可能待他兄长的孩子不如自己的孩子呢？只是因为他一晚上好几次去看望侄子，所以能心安；自己的儿子一夜不去看视，所以心有所不安。而他又将这些细节告诉别人，更能看出他为人、治家的公平。

【原文】

宗正刘平，更始时天下乱，平弟仲为贼所杀。其后贼复忽然而至，平扶侍其母奔走逃难。仲遗腹女始一岁，平抱仲女而弃其子。母欲还取，平不听，曰："力不能两活，仲不可以绝类。"遂去而不顾。

【译文】

宗正刘平，正赶上改朝换代时的天下大乱，刘平的弟弟仲为贼所杀。之后，贼人又忽然来到，刘平搀扶他的母亲逃跑躲避。弟弟仲死时留下一个女孩，才一岁，刘平抱起弟弟的女孩逃难，而将自己的儿子丢弃在家。他的母亲让他返回去抱那孩子，刘平不听，说："我们没有能力将两个都救活，但必须救弟弟的孩子，他不能没有后人。"说完逃跑而去，竟没有去救自己的孩子。

【原文】

侍中淳于恭兄崇卒，恭养孤幼，教诲学问，有不如法，辄反用杖自箠以感悟之。儿渐而改过。

【译文】

东汉侍中淳于恭的哥哥淳于崇死后，淳于恭亲自抚养哥哥留下的儿子，他教侄儿读书学习，侄儿如果做错了事，淳于恭就用棍子打自己以感化侄儿。侄儿看了非常惭愧，并且改正自己的错误。

【原文】

侍中薛包,弟子求分财异居,包不能止,乃中分其财。奴婢引其老者,曰:"与我共事久,若不能使也。"田庐取其荒顿者,曰:"吾少时所理,意所恋也。"器物取其朽败者,曰:"我素所服食,身口所安也。"弟子数破其产,辄复赈给。

【译文】

侍中薛包,他弟弟的儿子提出要和他分清财产另过,他不能劝止,于是就与侄儿平分财产。分奴婢的时候,他总是领一些老的,并说:"这些老的和我共事很长时间了,你不会使用他们。"分田地房舍时,他总是要那些荒芜颓败,又说:"这些地和房子都是我小时候耕种过的、住过的,我和它们有感情。"分其他东西的时候,他总是要那些朽败的,说:"这些都是我平素常用的,我已经用习惯了。"他的这个侄儿后来几次闹到破产,他每次都要再给他一些东西,来赈济他。

【原文】

晋右仆射邓攸,永嘉末,石勒过泗水,攸以牛马负妻子而逃。又遇贼,掠其牛马。步走,担其儿及其弟子绥。度不能两个都救活,乃谓其妻曰:"吾弟早亡,唯有一息,理不可绝,止应自弃我儿耳。幸而得存,我后当有子。"妻泣而从之。乃弃其子而去,卒以无嗣。时人义而哀之,为之语曰:"天道无知,使邓伯道无儿。"弟子绥服攸丧三年。

【译文】

西晋永嘉末年,天下大乱,石勒的部队经过泗水时,西晋右仆射邓攸用牛、马载着妻子、儿子和侄子逃难,又遇见强盗,牛、马被抢走。他们只好步走,邓攸挑着儿子和弟弟的孩子绥。后考虑到儿子和侄子实在不能两个都救活,他就对妻子说:"我弟弟早死,只留下这一个儿子,按理不能让弟弟绝了后,我们只能丢掉自己的儿子。如果能存活下来,我们以后还可以有孩子。"妻子哭泣着听了他的话。于是邓攸就丢下亲生儿子走了。邓攸最终没有能够再有儿子。当时的人感叹他的仁义,对他说:"天道无知,让邓伯道没有儿子。"后来,他的侄子绥为伯父服丧三年。

【原文】

　　太尉郗鉴,少值永嘉乱,在乡里,甚穷馁。乡人以鉴名德,传共饭之。时兄子迈、外甥周翼并小,常携之就食。乡人曰:"各自饥困,以君贤,欲共相济耳!恐不能兼有所存。"鉴于是独往,食讫,以饭着两颊边还,吐与二儿。后并得存,同过江。迈位至护军,翼为剡县令。鉴之薨也,翼追抚育之恩,解职而归,席苫心丧三年。世有杀其孤规财利者,独何心哉!

【译文】

　　东晋太尉郗鉴,小的时候正好赶上了西晋的永嘉之乱,他家穷得一无所有,连饭都吃不开。本乡的人因为郗鉴是个有德行的人,所以轮流着供养他吃饭。这时,他哥的孩子迈与他的外甥周翼都非常小,他到别人家吃饭的时候,就常领着这两个孩子。乡人对此很有意见,说:"大家都很穷困,只因为你是个贤德之人,所以大家想一起来帮助你!但是恐怕不能将你的两个孩子也一起救活。"郗鉴于是就一个人去吃饭。但每次吃完饭,他又在嘴里含一些饭回家,吐出来给两个孩子吃。用这种办法竟然将两个孩子都救活了,并和他一起过了长江。后来,侄儿官至护军,外甥任剡县县令。郗鉴去世后,周翼不忘舅舅对他的抚育之恩,辞官回家,为舅舅诚心诚意服丧三年。世上有杀别人的遗孤而觊觎人家的钱财的,与上面这些事例相比,那是一种什么居心啊!

侄叔父如父

【原文】

宋义兴人许昭先,叔父肇之坐事系狱,七年不判。子侄二十许人,昭先家最贫薄,专独申诉,无日在家。饷馈肇之,莫非珍新。资产既尽,卖宅以充之。肇之诸子倦怠,惟昭先无有懈息,如是七载。尚书沈演之嘉其操行,肇之事由此得释。

【译文】

南宋义兴人许昭先的叔父许肇之因犯事被关进了监狱,在狱中关了七年仍未判决。肇之家子侄共二十多人,昭先家最为贫穷,但昭先独自为叔父申诉,没有一天休息在家。他给叔父送的吃的东西,都是上等的好东西。家中资产耗费完,他就卖掉自己家的住宅来解决所需费用。肇之的几个儿子都有些厌倦了,唯独昭先没有懈怠,这样一直持续了七年。尚书沈演之嘉奖他的操守品行,并帮他的忙,肇之的事情终于得到了解决。

【原文】

唐柳泌叙其父天平节度使仲郢行事云,事季父太保如事元公,非甚疾,见太保未尝不束带。任大京兆盐铁使,通衢遇太保,必下马端笏,候太保马过方登车。每暮束带迎太保马首,候起居。太保屡以为言,终不以官达稍改。太保常言于公卿同云:"元公之子,事某如事严父。"

古之贤者,事诸父如父,礼也。

【译文】

唐代柳泌叙述他的父亲天平节度使柳仲郢的事迹时说:仲郢侍奉季父太

保就像侍奉他的父亲柳公绰一样,只要不是特别匆忙,他见季父时总要整装束带。他担任大京兆盐铁使时,在大街上碰见季父,必定要下马端笏恭立,等到季父的车马过去方才上车。他每天傍晚都要穿戴整齐迎接季父的马车,问候侍奉季父的起居生活。季父多次让他免去那些礼仪,但他从不因为自己位居高官就改变对季父的恭敬态度。季父经常在官员中间说:"元公的儿子侍奉我就像侍奉他父亲一样。"

　　古代的贤德之人,侍奉他的伯叔父就像侍奉他的父亲一样,这是天礼人伦所应当有的表现。

温公家范　卷七

兄

兄弟如同手足

【原文】

凡为人兄不友其弟者,必曰:弟不恭于我。自古为弟而不恭者孰若象?万章问于孟子,曰:"父母使舜完廪,捐阶,瞽瞍焚廪;使浚井,出,从而掩之。象曰:谟盖都君咸我绩。牛羊父母,仓廪父母。干戈朕、琴朕、弤朕、二嫂使治朕栖。象往入舜宫,舜在床琴。象曰:郁陶思君尔!忸怩。舜曰:惟兹臣庶,汝其于予治。不识舜不知象之将杀己与?"曰:"奚而不知也?象忧亦忧,象喜亦喜。"曰:"然则舜伪喜者与!"曰:"否!昔者有馈生鱼于郑子产。子产使校人畜之池。校人烹之,反命曰:始舍之,圉圉焉,少则洋洋焉,攸然而逝。子产曰:得其所哉!得其所哉!故君子可欺以其方,难罔以非其道。彼以爱兄之道来,故诚信而喜之,奚伪焉!"万章问曰:"象日以杀舜为事,立为天子,则放之,何也?"孟子曰:"封之也。或曰放焉"。

万章曰:"舜流共工于幽州,放欢兜于崇山,杀三苗于三危,殛鲧于羽山,四罪而天下咸服,诛不仁也。象至不仁,封之有庳。有庳之人奚罪焉?仁人固如是乎?在他人则诛之,在弟则封之。"曰:"仁人之于弟也,不藏怒焉,不宿怨焉,亲爱之而已矣。亲之欲其贵也,爱之欲其富也。封之有庳,富贵之也。身为天子，弟为匹夫，可谓亲爱之乎？""敢问，或曰放者何谓也？"曰："象不得有为于其国，天子使吏治其国，而纳其贡赋焉，故谓之放，岂得暴彼民哉！虽然，欲常常而见之，故源源而来。不及贡，以政接于有庳。"

【译文】

大凡为人之兄长，不友爱他的弟弟的，必定要说：弟弟对我不恭敬。可从古到今，作为弟弟而对兄长不恭敬的，谁能比得上舜的弟弟像呢？

万章问孟子说："舜的父母打发舜去修缮谷仓，等舜上了屋顶，他们便抽去梯子，他父亲瞽瞍还放火焚烧那谷仓，幸而舜设法逃下来了。于是又打发舜去掏井，他不知道舜从旁边的洞穴出来了，便用土填塞井眼。舜的兄弟像说：谋害舜都是我的功劳，牛羊分给父母，仓廪分给父母，干戈归我，琴归我，漆赤弓归我，两位嫂嫂要她们替我铺床又叠被。象于是向舜的住房走去，舜却坐在床边弹琴，像说：哎呀！我好想念您呀！但神情之间是很不好意思的。舜说：我想念着这些臣下和百姓，你替我管理管理吧！我不晓得舜不知想要杀他吗？"孟子答道："为什么不知道呢？像忧愁，他也忧愁；像高兴，他也高兴。"万章说："那么，舜的高兴是假装的吗？"孟子说："不！从前有一个人送条活鱼给郑国的子产，子产使主管池塘的人畜养起来，那人却煮着吃了，回报说：刚放在池塘里，它还要死不活的；一会儿，它摇摆着尾巴活动起来了，突然间远远地不知去向。子产说：它得到了好地方呀！得到了好地方呀！那人出来了，说道：谁说子产聪明，我已经把那条鱼煮着吃了，他还说：得到了好地方呀，得到了好地方呀！所以对于君子，可以用合乎人情的方法来欺骗他，不能用违反道理的诡诈欺罔他。像既然假装着敬爱兄长的样子来，舜因此真诚地相信而高兴起来，为什么是假装的呢？"万章问道："像每天把谋杀舜的事情作为他的工作，等舜做了天子，却仅仅流放他，这是什么道理呢？"孟子答道："其实是舜封象为诸侯，不过有人说是流放他罢了。"

万章说："舜把共工流放到幽州，把欢兜发配到崇山，把三苗之君驱逐到三危，把鲧充军到羽山，惩处了这四个大罪犯，天下便都归服了，就是因为讨伐了不仁的人的缘故。像是最不仁的人,却以有庳之国来封他。有庳国的百姓又有什么罪过呢?对别人,就加以惩处;对弟弟,就封以国土,难道仁人的作法竟是这样的吗?"孟子说:"仁人对于弟弟,有所愤怒,不藏于心中;有所怨恨,不留在胸内,只是亲他爱他罢了。亲他,便要使他贵;爱他,便要使他富。把有庳国土封给他,正是使他又富又贵;本人做了天子,弟弟却是一个老百姓,可以说是亲爱吗?"万章说:"我请问,为什么有人说是流放呢?"孟子说:"像不能在他国土上为所欲为,天子派遣了官吏来给他治理国家,缴纳贡税,所以有人说是流放。像难道能够暴虐地对待他的百姓吗?自然不能。纵使如此,舜还是想常常看到象,象也不断地来和舜相见。古书上说:不必等到规定的朝贡的时候,平常也假借政治上的需要来相接待。"

【原文】

汉丞相陈平,少时家贫,好读书,有田三十亩,独与兄伯居。伯常耕田,纵平使游学。平为人长美色。人或谓陈平:"贫何食而肥若是?"其嫂嫉平之不视家产,曰:"亦食糠核耳。有叔如此,不如无有。"伯闻之,逐其妇而弃之。

【译文】

西汉的丞相陈平,小时候家里贫穷,但他爱好读书。家里有田地三十亩,他单独与哥哥陈伯住在一起。哥哥经常一个人耕田,让他出去游学。陈平长得身高貌美。有人问他:"你家里很穷,可你为什么吃得这么胖?"他的嫂子恨他不事生产,白吃饭,就说:"也只能吃糠秕呗。有这样的小叔子,还不如没有呢!"陈平的哥哥听了妻子的话,就将妻子赶出了家门。

【原文】

御史大夫卜式,本以田畜为事,有少弟。弟壮,式脱身出,独取畜羊百余,田宅财物尽与弟。式入山牧,十余年,羊致千余头,买田宅。

而弟尽破其产,式辄复分与弟者数矣。

【译文】

御史大夫卜式,一直靠种田、放牧为生。他有个小弟弟,弟弟长大后,卜式与弟弟分家另过,然而他只带走一百多只羊,家里的田地、房屋等财产他都给了弟弟。卜式独自进山放羊,十多年后,他的羊发展到千余只,他又买了田地、房院。可是弟弟却将家产挥霍一空,卜式又好几次分给弟弟田宅家产。

【原文】

隋吏部尚书牛弘弟弼,好酒,酗。尝醉,射杀弘驾车牛。弘还宅,其妻迎谓曰:"叔射杀牛。"弘闻,无所怪问,直答曰:"作脯。"坐定,其妻又曰:"叔忽射杀牛,大是异事!"弘曰:"已知。"颜色自若,读书不辍。

【译文】

隋朝吏部尚书牛弘的弟弟牛弼喜欢喝酒,而且常洒酒疯。有一次喝醉酒,将牛弘驾车的牛用箭射死了。牛弘回家后,妻子迎上前对他说:"小叔子射死了咱家的牛。"牛弘听了,并没有责怪的话,只回答说:"拿去作干牛肉。"牛弘坐定后,妻子又说:"小叔子平白无故射死了牛,这不能算是件平常的事吧!"牛弘说:"我知道了。"他面不改色,继续读他的书。

【原文】

唐朔方节度使李光进,弟河东节度使光颜先娶妇,母委以家事。及光进娶妇,母已亡。光颜妻籍家财,纳管钥于光进妻。光进妻不受,曰:

"娣妇逮事先姑,且受先姑之命,不可改也。"因相持而泣,卒令光颜妻主之矣。

【译文】

唐朔方节度使李光进,他的弟弟河东节度使李光颜先娶了媳妇,母亲就让光颜的妻子来管理家事。等到李光进娶媳妇的时候,母亲已经去世了。光进结婚后,光颜的妻子就登记家里的财产,然后将家里的钥匙交给嫂嫂。光进妻不接受,说:"你侍奉过婆婆,你就接受咱婆婆的委托吧,这不能改变。"说到这里,她们竟哭了起来。最后还是让光颜的妻子来管理家务。

【原文】

平章事韩滉,有幼子,夫人柳氏所生也。弟湟戏于掌上,误坠阶而死。滉禁约夫人勿悲啼,恐伤叔郎意。为兄如此,岂妻妾他人所能间哉?

【译文】

平章事韩滉有个小儿子,是夫人柳氏所生。弟弟韩湟让他站在自己手掌上和他玩耍,不料小孩掉到台阶上摔死了。韩滉叫夫人不要伤心啼哭,以免让弟弟伤心。做哥哥的能这样对待弟弟,妻妾等人怎么能离间他们兄弟之间的感情吗?

弟

兄弟不可相残

【原文】

弟之事兄，主于敬爱。齐射声校尉刘琎，兄夜隔壁呼琎。琎不答，方下床着衣，立，然后应。怪其久。琎曰："向束带来竟。"

【译文】

弟弟对兄长，主要是能敬重他、爱他。齐射声校尉刘琎，他哥哥刘夜里在隔壁喊他，他先不答应，下床穿上衣服，端端正正地站好，然后才答应。哥哥怪他为什么那么久没答应，他说："刚才我还没有整装束带。"

【原文】

梁安成康王秀，于武帝布衣昆弟，及为君臣，小心畏敬，过于疏贱者。帝益以此贤之。若此，可谓能敬矣。

【译文】

梁安成康王秀跟武帝是平民兄弟，等到武帝即位后，他们成了君臣关系，秀对武帝小心侍候，常怀敬畏之心，他对武帝的敬畏超过了那些与武帝毫无瓜葛的人。武帝也更因此看重秀。像他们这样，可以说是兄弟之间能互相敬重了。

【原文】

后汉议郎郑均,兄为县吏,颇受礼遗,均数谏止,不听,即脱身为佣。岁余,得钱帛归,以与兄,曰:"物尽可复得。为吏坐赃,终身捐弃。"兄感其言,遂为廉洁。均好义笃实,养寡嫂孤儿,恩礼甚至。

【译文】

东汉议郎郑均,哥哥当县吏,经常接受些礼品,郑均多次劝谏哥哥不要这样,哥哥不听,于是他就去当佣人。过了一年多,他挣了些钱回来送给哥哥,并说:"钱没了可以再挣,但当官如果贪赃枉法,就会受到惩处,一辈子都完了。"哥哥听了他的话非常感动,于是为官清正廉洁。郑均为人忠厚老实,哥哥死后,他养活寡嫂和哥哥的孤儿,恩礼备至。

【原文】

晋咸宁中疫颍川,庾衮二兄俱亡。次兄毗复危殆。疠气方炽,父母诸弟皆出次于外,衮独留不去。诸父兄强之,乃曰:"衮性不畏病。"

遂亲自扶持,昼夜不眠。其间复抚柩哀临不辍。如此十有余旬,疫势既歇,家人乃反。毗病得差,衮亦无恙。父老咸曰:"异哉此子!守人所不能守,行人所不能行,岁寒然后知松柏之后凋,始知疫疠之不相染也。"

【译文】

西晋咸宁年间颍川发生瘟疫,庾衮的两个哥哥都死了,还有个哥哥庾毗也生命垂危。此时瘟疫正是最厉害的时候,父母及几个弟弟都居住在外,躲避瘟疫,庾衮独自留在家里,不肯离去。家里的人强迫他走,他说:"我不怕染病。"

他在家亲自侍候哥哥庚毗,昼夜不眠。期间他还为已死的两个哥哥守灵,从未停止过祭祀。这样过了一百多天,瘟疫渐渐没有了,家人才返回来。这时庚毗的病也好了,庚衮也安然无恙。乡亲们都说:"这人真是不同寻常,能够坚守他人不能坚守的岗位,能做他人所不能做的事情,天气寒冷才知道松柏比其他树耐寒,而瘟疫也似乎不能传染给好人。"

【原文】

右光禄大夫颜含,兄畿,咸宁中得疾,就医自疗,遂死于医家。家人迎丧,旐每绕树而不可解,引丧者颠仆,称畿言曰:"我寿命未死,但服药太多,伤我五脏耳,今当复活,慎无葬也。"其父祝之曰:"若尔有命复生,其非骨肉所愿,今但欲还家,不尔葬也。"乃解。及还,其妇梦之曰:"吾当复生,可急开棺。"妇颇说之。其夕,母及家人又梦之,即欲开棺,而父不听。含时尚少,乃慨然曰:"非常之事,古则有之。今灵异至此,开棺之痛,孰与不开相负?"父母从之,乃共发棺,有生验以手刮棺,指抓尽伤,气息甚微,存亡不分矣。饮哺将获,累月犹不能语。饮食所须,托之以梦。阖家营视,顿废生业,虽在母妻,不能无倦也。含乃绝弃人事,躬亲侍养,足不出户者,十有三年。石崇重含淳行,赠以甘旨,含谢而不受。或问其故,答曰:"病者绵昧,生理未全,既不能进嘅,又未识人惠,若当谬留,岂施者之意也?"畿竟不起。含二亲既终,两兄既殁,次嫂樊氏因疾失明,含课励家人,尽心奉养。日自尝省药馔,察问息耗,必簪屡束带,以至病愈。

【译文】

右光禄大夫颜含的哥哥颜畿,在咸宁年间得了病,就医治疗的时候,死在了医生的家里。家人去将他敛入棺材中,要运回去安葬。在起灵柩的时候,引魂幡缠绕在树上,怎么也解不开。在前边引路的人突然跌倒在地上,自称他是颜畿,说:"我的寿数还没有到,我没有死,只是因为吃药太多,伤了五脏而导致昏厥,现在我要活过来了,你们千万不要将我埋葬了。"他的父亲祷告说:"如果你真的能活转过来,也是我们的共同愿望,现在咱们只是要回家,并不是要去安葬你。"说罢,引魂幡果然很痛快就解开了。回到家,颜畿的媳妇晚上梦见颜畿对她说:"我就要复活了,你们马上打开棺材。"颜畿的媳妇醒来后非常高兴。这天晚上,颜畿的母亲和家里的其他人又梦见了同样内容的梦,大家想马上就开棺看看,可是父亲不允许。颜含这时还很小,他大声说:"怪异之事古代就有,现在如此异常,相比之下,开棺还是比不开要好。"父母亲听从了他的意见,于是大家一起将棺材打开,果然看见有手指抓棺材的印痕,而且颜畿的手指都抓伤了。大家一看,颜畿还有微弱的呼吸,但和死人没有什么两样。家里人将他抬回家,饮食侍候,但是他好几个月还不能说话。他如果想吃什么或需要什么,就给家人托梦。全家人都在为他忙碌,因此而荒废了家里的生产和其他事业。时间长了,即使是母亲和妻子也不能不感到倦怠,唯弟弟颜含放下所有的事情,亲自侍奉哥哥,十三年足不出户。当时的显赫人物石崇很钦佩颜含的所作所为,便特地赠送他们美味佳肴。但是颜含只感谢人家的好意,却不接受食物。有人问他为什么不接受馈赠,他回答说:"现在病人卧床不起,不省人事,而且生理机能也没有恢复,他既不能吃这些东西,又不能亲领人家的好意,如果我随便留下,那哪里是馈赠者的意思呢?"颜畿最终也没有能够恢复健康。后来,颜含的父母亲双双去世,两个哥哥也都死了,二嫂樊氏因病失明,颜含就带领家里的人尽心奉养,他每天亲自去察看嫂子吃的药和饭,以及嫂子的身体状况,而且一定要穿戴整齐,保持礼节。一直到嫂子的病痊愈。

【原文】

后魏正平太守陆凯兄琇,坐咸阳王禧谋反事,被收,卒于狱。凯痛兄之死,哭无时节,目几失明,诉冤不已,备尽人事。至正始初,世宗复琇官爵。凯大喜,置酒集诸亲曰:"吾所以数年之中抱病忍死者,顾门户计尔。逝者不追,今愿毕矣。"遂以其年卒。

【译文】

后魏正平太守陆凯的哥哥陆琇，受咸阳王禧谋反一事的牵连，被关进了监狱，并死在监狱。陆凯对哥哥的死非常痛惜，经常哭泣，眼睛也几乎要失明。他反复为哥哥申诉冤屈，尽到了一个弟弟的责任。到正始初年，世宗恢复了陆琇的爵位，陆凯非常高兴，制备酒食招待亲戚们，他说："这几年，我之所以坚持活下来，就是为了要恢复我们陆家的荣誉，现在我的愿望实现了。"他在这一年果真死去了。

【原文】

唐英公李勣，贵为仆射，其姊病，必亲为燃火煮粥，火焚其须鬓。

姊曰："仆射妾多矣，何为自苦如是？"曰："岂为无人耶？顾今姊年老，责力亦老，虽欲久为姊煮粥，复可得乎？"若此，可谓能爱矣！

【译文】

唐英公李勣，身为仆射，他的姐姐病了，他还亲自为她烧火煮粥，以致火苗烧了他的胡须和头发。

姐姐劝他说："你的妾那么多，你自己为何要这样辛苦？"李勣回答说："难道真的没有人吗？我是想姐姐现在年纪大了，我自己也老了，即使想长久地为姐姐烧火煮粥，又怎么可能呢？"像这样的弟弟，就可以说是能够敬爱姐姐了。

【原文】

夫兄弟至亲，一体而分，同气异息。《诗》云："凡今之人，莫如兄弟。"又云："兄弟阋于墙，外御其侮。"言兄弟同休戚，不可与他人议之也。若己之兄弟且不能爱,何况他人?己不爱人,人谁爱己?人皆莫之爱,而患难不至者,未之有也。《诗》云"毋独斯畏",此之谓也。兄弟,手足也。今有人断其左足,以益右手,庸何利乎?虺一身两口,争食相龁,遂相杀也。争利而害,何异于虺乎?

【译文】

兄弟之间可以说是至亲至爱的,就好像同出一体,同气异息。《诗经》说:"现在的人,都不如兄弟那样亲密。"又说:"兄弟在家里虽然有矛盾,但在外边却能共同抵御敌人。"这说的是兄弟能够同欢乐、共患难,不能和他人相提并论。如果连自己的兄弟都不能去爱,又怎么能去爱他人呢?自己不爱他人,他人又怎么会爱你呢?人人都不喜爱你,你想没有祸患和灾难是不可能的。《诗经》说"怕的就是只有你一个人",指的就是这个意思。兄弟如同手足。如果有人砍断他的左脚,来延长他的右手,这有什么好处呢?虺有一个身子两张嘴,争食相咬,于是自相残杀。如果兄弟之间为了各自的利益互相残害,这跟虺有什么差别呢?

【原文】

《颜氏家训》论兄弟曰:"方其幼也,父母左提右挈,前襟后裾,食则同案,衣则传服,学则连业,游则共方,虽有悖乱之人,不能不相爱也。及其壮也,各妻其妻,各子其子,虽有笃厚之人,不能不少衰也。娣姒之比兄弟,则疏薄矣。今使疏薄之人而节量亲厚之恩,犹方底而圆盖,必不合也。唯友悌深至,不为旁人之所移者,可免夫。兄弟之际,异于他人,望深虽易怨,比他亲则易弭。譬犹居室,一穴则塞之,一隙则涂之,无颓毁之虑。如雀鼠之不恤,风雨之不防,壁陷楹沦,无可救矣。仆妾之为雀鼠,妻子之为风雨,甚哉!兄弟不睦,则子侄不爱。子侄不爱,则群从疏薄。群从疏薄,则童仆为仇敌矣。如此,则行路皆踏其面而蹈其心,谁救之哉?人或交天下之士,皆有欢爱,而失敬于兄者,何其能多而不能少也?人或将数万之师,得其死力,而失恩于弟者,何其能疏而不能亲也？娣姒者,多争之地也。所以然者,以其当公务而就私情,处重责而怀薄义也。若能恕己而行,换子而抚,则此患不生矣。

人之事兄不同于事父,何怨爱弟不如爱子乎？是反照而不明矣。

【译文】

《颜氏家训》在论述兄弟关系的时候说:"当他们年纪还小的时候,总是一起在父母的前后左右,吃饭在同一张桌子上,衣服也是同一件衣服,哥哥穿了再给弟弟穿。读书也是这样,哥哥读过的书再给弟弟读,玩也是一起玩。这样一来,虽然是不懂礼法的人,但对兄弟也是不能不爱的。等到成人之后,兄弟们各有了自己的家庭、子女,这时虽是诚实忠厚的人,兄弟之间的情爱也总是要稍为减退一些的。妯娌之间的关系,是比不上兄弟关系那样亲密的。如果使各自关系较疏薄的妯娌来制约兄弟之间的亲情,这正好比方的容器配个圆的盖子,必然不能严密无间了。只有兄弟亲情特别深厚、不受妻子影响的人家,才能免去这种情形。兄弟之间的关系不同于常人,相互之间求全责备就容易产生怨恨,但因手足情亲,所以这种怨恨也容易消弭。拿住的房子来作比喻,发现一个洞穴一条裂缝就堵住它,这房子就没有倒塌的危险,如果鸟雀、老鼠、风雨的破坏都不去防治,那么墙壁门窗的毁坏倒塌就是不可避免的了,一个家庭里的仆人妻妾对于兄弟情感的破坏作用,是可以和最厉害的雀鼠风雨相比的。兄弟之间不和睦,将导致各家的子女不相爱,而这种情形又会导致同族别的小辈都互相疏远淡薄,导致各家的僮仆互相敌视。这样,陌生人都会来欺负他们,还有谁来救助呢？有的人结交天下之士都很融洽,而对自己的哥哥反而不去敬重；有的人可以统帅几万士兵,得到他们的拥戴,可是对自己的弟弟反而缺少恩爱,这种人为什么这样的不会处理兄弟关系呢？妯娌关系,是一种容易起矛盾起争斗的关系。之所以会造成这种情形,是因为她们相处时各怀私心,担当重任而心怀薄义。如果能够实行己所不欲勿施于人的原则,把妯娌的儿子当自己的儿子来疼爱,那么这种矛盾摩擦就不会出现了。

一个人尊敬兄长，不同于尊敬父亲，那又怎能怨恨哥哥对自己的爱及不上对儿子的爱呢？这样埋怨就是只苛责别人而不要求自己。

【原文】

吴太伯及弟仲雍，皆周太王之子，而王季历之兄也。季历贤，而有圣子昌，太王欲立季历以及昌。于是太伯、仲雍二人乃奔荆蛮，文身断发，示不可用，以避季历。季历果立，是为王季，而昌为文王。太伯之奔荆蛮，自号句吴。荆蛮义之，从而归之千余家，立为吴太伯。子曰："太伯，其可谓至德也已矣，三以天下让，民无得而称焉。"

【译文】

吴太伯和弟弟仲雍，都是周太王的儿子，王季历的哥哥。季历很贤能，而且有圣子姬昌，周太王想立季历与姬昌为王。因此太伯和仲雍兄弟俩就奔赴荆蛮，文身截发，表示他们不能够再为王了，用这样的方法来躲避弟弟季历。季历果然被立为王，称为王季，而姬昌就是周文王。太伯到了荆蛮之后，自称句吴。荆蛮百姓认为他很讲仁义道德，于是纷纷归附他，跟随他的人有一千多家，立他为吴太伯。孔子说："太伯，可以说是很有道德，多次让位给季历，百姓无不称赞他的美德。"

【原文】

伯夷、叔齐，孤竹君之二子也。父欲立叔齐。及父卒，叔齐让伯夷。
伯夷曰："父命也。"遂逃去。叔齐亦不肯立而逃之。国人立其中子。

【译文】

伯夷、叔齐，是商代孤竹君的两个儿子。父亲孤竹君打算立叔齐来继承王位。等到父亲死后,叔齐主动让位给伯夷。

伯夷说:"立你为继承人是父亲的命令,怎么能随便更改呢?"于是他逃亡而去。叔齐也不愿当继承人,逃跑了。于是国人就拥立孤竹君的第二个儿子为王。

【原文】

宋宣公舍其子与夷而立穆公。穆公疾,复舍其子冯而立与夷。君子曰:"宣公可谓知人矣!立穆公,其子飨之,命以义夫!"

【译文】

宋宣公没有立他的儿子为继承人,而是立了穆公。穆公在有病的时候,也没有立自己的儿子冯,而是立与夷为继承者。君子评论这件事时说:"宣公可以称得上是知人了!他虽然立了穆公,但在宗庙里祭祀他的仍然是他的儿子与夷,并且将他尊称为义夫!"

【原文】

吴王寿梦卒,有子四人,长曰诸樊,次曰余祭,次曰夷昧,次曰季札。季札贤,而寿梦欲立之。季札让,不可,于是乃立长子诸樊。诸樊卒,有命授弟余祭,欲传以次,必致国于季札而止。季札终逃去,不受。

【译文】

吴王寿梦死时,有四个儿子,长子叫诸樊,次子叫余祭,老三叫夷昧,老四叫季札。其中季札最有才德,吴王临死时想立季札为王。可是季札谦让而不接受,于是就立了长子诸樊。诸樊死的时候留下遗嘱,要将王位传给二弟余祭,而且今后也传弟不传子,一定要把国家交到四弟季札手里,才能终止。可季札最终还是逃走了,不接受王位。

【原文】

汉扶阳侯韦贤病笃,长子太常丞弘坐宗庙事系狱,罪未决。室家问贤当为后者。贤恚恨,不肯言。于是贤门下生博士义倩等与室家计,共矫贤令,使家丞上书言大行,以大河都尉玄成为后。贤薨,玄成在官闻丧,又言当为嗣,玄成深知其非贤雅意,即阳为病狂,卧便利中,笑语昏乱。征至长安,既葬,当袭爵,以病狂不应召。大洪胪奏状,章下丞相御史案验,遂以玄成实不病劾奏之。有诏勿劾,引拜,玄成不得已受爵。宣帝高其节,时上欲淮阳宪王为嗣,然因太子起于细微,又早失母,故不忍也。久之,上欲感风宪王,辅以礼让之臣,乃召拜玄成为淮阳中尉。

【译文】

汉扶阳侯韦贤病重,他的长子太常丞弘因宗庙事被捕入狱,还没有判决。家里的人询问韦贤在他身后谁可以做继承人。韦贤感到很气愤,不肯回答。于是韦贤的弟子博士义倩等人和他家里的人计议,他们假装是韦贤的命令,让家丞给皇上上书,要求立大河都尉玄成为继承人。韦贤死后,在外边做官的玄成听到了噩耗,又听说让他做扶阳侯的继承人。但玄成深知这不是韦贤本人的意思,于是就假装得了疯病,整天躺卧在垃圾之中,胡乱说笑。韦贤家的人将他接到长安,在安葬好韦贤之后,就让他正式承袭爵位。他仍旧假装疯狂,不理他们。大洪胪将这些情况报告皇上,皇上便派丞相御史下去查验。经查,玄成属于装病,于是就向皇上弹劾他装病。皇上下诏不去追究他的罪责,只是让他赶紧承袭爵位。宣帝很佩服他高尚的节操,这时宣帝正想改立淮阳宪王为太子,但因为现在的太子出身低贱,又早早地没了母亲,所以不忍心废他。过了一段时间,宣帝想要教化宪王,让那些懂得礼义谦让的大臣来辅助训导他,于是就将玄成拜为淮阳中尉。

【原文】

陵阳侯丁綝卒,子鸿当袭封,上书让国于弟成,不报。既葬,挂衰绖于冢庐而逃去。鸿与九江人鲍骏相友善,及鸿亡封,与骏遇于东海,阳狂不识骏。骏乃止而让之曰:"春秋之义,不以家事废王事;今子以兄弟私恩而绝父不灭之基,可谓智乎?"鸿感语垂涕,乃还就国。

【译文】

陵阳侯丁綝去世,他的儿子鸿应当承袭爵位。鸿给皇上上书要求将爵位让于弟弟成,但皇上没有批复。安葬了父亲,鸿将孝服挂在坟墓上逃走了。鸿先前和九江人鲍骏关系非常好,等到鸿不接受封位而出逃的时候,恰好与鲍骏在东海相遇。但鸿假装不认识鲍骏。鲍骏拦住鸿对他说:"春秋时代所谓的义,不能以家事荒废国事,现在你们因为兄弟之间相互谦让而葬送父亲传下来的基业,这能算得上是聪明吗?"鸿为鲍骏的话所感动,以至于涕泗交流。最终,他回去接受了爵位。

【原文】

居巢侯刘般卒,子恺当袭爵,让于弟宪,遁逃避封。久之,章和中,有司奏请绝恺国。肃宗美其义,特优假之,恺犹不出。积十余岁,至永元十年,有司复奏之。侍中贾逵上书称:"恺有伯夷之节,宜蒙矜宥,全其先公,以增圣朝尚德之美。"和帝纳之,下诏曰:"王法崇善,成人之美,其听宪嗣爵。遭事之宜,后不得以为比。"乃征恺,拜为郎。

【译文】

居巢侯刘般去世,他的儿子刘恺应当承袭爵位。但他要求将爵位让给弟弟刘宪,自己为此而出逃。过了很长时间,到章和年间,有关部门将这件事奏闻皇上,请求收回刘恺的封国。肃宗很欣赏他们的礼让之义,再请刘恺就位,可刘恺还不出来。等了十多年,到了永元十年,有关部门又一次向皇上奏请此事。侍中贾逵上书说:"刘恺有伯夷的节操,皇上应该保护和宽宥他,以保全他先人的基业,这也可以彰显陛下的圣德。"和帝听从了贾逵的意见,下诏说:"国家的法律是惩恶扬善,成人之美的。现准许刘宪承袭爵位。仅此一回,下不为例。"而且召刘恺到朝廷,拜为郎。

【原文】

后魏高凉王孤,平文皇帝之第四子也,多才艺,有志略。烈帝临终时,国有内难,昭成为质于后赵。烈帝临崩,顾命迎立昭成。及崩,群臣咸以新有大故,昭成来,未可果,宜立长君。次弟屈,刚猛多变,不如孤之宽和柔顺。于是大人梁盖等杀屈,共推孤为嗣。孤不肯,乃自诣邺奉迎,请身留为质。石季龙义而从之。昭成即王位,乃分国半部以与之。

然兄弟之际,宜相与尽诚,若徒事形迹,则外虽友爱而内实乖离矣。

【译文】

后魏高凉王孤,是平文皇帝的第四个儿子,他多才多艺,很有志气谋略。烈帝元年,国家发生内乱,昭成到后赵作人质。烈帝临死的时候,遗诏迎立昭成为帝。烈帝死后,群臣都认为皇帝刚刚驾崩,迎立昭成不一定能成功,应该拥立新君。昭成的弟弟屈,刚猛多变,不像孤宽和柔顺。于是大人梁盖等杀死屈,一起拥立孤为帝。孤不同意即位,亲自到邺地去迎接哥哥昭成回来即皇帝位,他愿意留作人质。石季龙深感他的大义,就答应了他的要求。昭成即皇帝位后,就分给孤一半江山。

兄弟之间,就应该坦诚相待,如果光是讲究些虚伪的礼仪,就会外表看上去团结友爱,实质上却是相互背离。

【原文】

宋祠部尚书蔡廓,奉兄轨如父,家事大小皆咨而后行。公禄赏赐,一皆入轨。有所资须,悉就典者请焉。从武帝在彭城,妻郄氏书求夏服。时轨为给事中,廓答书曰:"知须夏服,计给事自应相供,无容别寄。"向使廓从妻言,乃乖离之渐也。

【译文】

宋祠部尚书蔡廓,侍奉哥哥蔡轨如同侍奉父亲一样,家里的大事小事他都要先请示兄长,然后再做。他做官的俸禄和上边给的赏赐,都要交给哥哥。他如果需要钱物,都要到管家那里领取。有一次,他随从武帝到了彭城,妻子郄氏给他写信,要求换夏天的衣服。这时蔡轨为给事中,蔡廓给妻子回信说:"我已经知道你需要夏天的衣服,但我估计哥哥自有安排,你用不着再说了。"假设蔡廓听了妻子的话,出面向哥哥索要衣服,那么他们之间就要因相互不信任而渐渐产生矛盾。

【原文】

梁安成康王秀与弟始兴王憺友爱尤笃,憺久为荆州刺史,常以所得中分秀。秀称心受之,不辞多也。若此,可谓能尽诚矣!

【译文】

梁朝安成康王秀与弟弟始兴王憺非常友爱,憺长时间担任荆州刺史,经常把他的俸禄所得分给哥哥,秀欣然接受,也不怎么推辞。兄弟之间如果能像这样,可谓是能够以诚相待了。

【原文】

卫宣公恶其长子急子，使诸齐，使盗待诸莘，将杀之。弟寿子告之使行，不可，曰："弃父之命，恶用子矣！有无父之国则可也。"及行，饮以酒，寿子载其旌以先，盗杀之。急子至，曰："我之求也，此何罪，请杀我乎！"又杀之。

【译文】

卫宣公不喜欢他的长子急子，就让他出使齐国，然后指使强人在莘这个地方等待他，将要杀掉他。急子的弟弟寿子将这个秘密告诉了哥哥，并让哥哥赶快逃走。但急子认为这样做不对，他说："不听从父亲的命令，那还算什么儿子！如果是在一个不尊重父亲的国家，那就可以这样做。"等到急子出发的时候，弟弟寿子请他喝酒，将他灌醉，然后寿子自己打着急子的旌旗走在前边，藏在这里的强人误将寿子杀死。急子来到这里，说："这是我的所求，他有什么罪？请杀我吧！"这些人又将急子杀了。

【原文】

王莽末，天下乱，人相食。沛国赵孝弟礼，为饿贼所得，孝闻之，即自缚诣贼曰："礼久饿羸瘦，不如孝肥。"饿贼大惊，并放之，谓曰"且可归，更持米来。"孝求不能得，复往报贼，愿就烹。众异之，遂不害。乡党服其义。

【译文】

西汉王莽末年，天下大乱，几乎到了人吃人的地步。沛国赵孝的弟弟赵礼，被一群饿贼抓住了，这伙人正准备将赵礼煮了吃，赵孝听说了，就自己把自己绑起来去见那些贼寇，说："我弟弟有很长时间吃不饱饭，瘦得很，不如我肥。"这伙饿贼听了大惊，一去将他们兄弟俩放了，并对他们说："你们先回去吧,但要拿些吃的来。"赵孝回去后想办法找粮食,但无法找到,他就又去告诉那些贼:我找不到粮食,你们就煮了吃我吧。众贼寇很是为他的行动感到惊异,于是不加害于他。乡里的人们都佩服他讲义气,守信用。

【原文】

北汉淳于恭兄崇将为盗所烹,恭请代,得俱免。又,齐国倪萌、梁郡车成二人,兄弟并见执于赤眉,将食之。萌、成叩头,乞以身代,贼亦哀而两释焉。

【译文】

北汉时候淳于恭的哥哥淳于崇被盗贼抓住,盗贼要煮他,淳于恭请求代替弟弟去死,那些盗贼便都饶了他们。还有,齐国的倪萌、梁郡的车成,他们俩都曾经是兄弟俩一起被赤眉军抓住,而且要将他们煮了吃。倪萌和车成分别向贼人乞求以身自代,那些贼人也都为他们所感动,哀怜他们而把他们放掉了。

【原文】

宋大明五年,发三五丁,彭城孙棘弟萨应充行,坐违期不至。棘诣郡辞列:"棘为家长,令弟不行,罪应百死,也以身代萨。"萨又辞列自引。太守张岱疑其不实,以棘、萨各置一处,报云:"听其相代,颜色并悦,甘心赴死。"棘妻许又寄语属棘:"君当门户,岂可委罪小郎?且大家临亡,以小郎属君,竟未妻娶,家道不立,君已有二儿,死复何恨?"岱依事表上。孝武诏,特原罪,州加辟命,并赐帛二十匹。

【译文】

宋大明五年,朝廷征发兵役,彭城孙棘的弟弟孙萨应当服兵役,但他犯了过期不去的罪。孙棘到郡守那里领罪说："我是一家之长,却没有让弟弟及时出发,罪该万死,我请求代替弟弟服罪。"孙萨也自己去认罪,说这事与哥哥无关。太守张岱怀疑他们是事先串通好的,便将孙棘和孙岱分别关押,试探虚实。手下回来报告说:"他们兄弟俩听说能够代替对方去死后,都非常高兴,甘心去死。"这时,孙棘的妻子又捎话来嘱咐丈夫:"你是一家之主,责任怎么能往弟弟的身上推呢?况且父母临死的时候,将弟弟托付给你。他还没有娶妻,没有成家立业,而你已经有两个儿子了,死又有什么遗憾的呢?"太守将这件事表奏皇上,孝武皇帝下诏,特赦其罪,让州府任命他们官职,并赐给帛二十四。

【原文】

梁江陵王玄绍、孝英、子敏,兄弟三人,特相友爱,所得甘旨新异,非共聚食,必不先尝。孜孜色貌,相见如不足者,及西台陷没,玄绍以须面魁梧,为兵所围,二弟共抱,各求代死,解不可得,遂并命云。贤者之于兄弟,或以天下国邑让之,或争相为死;而愚者争锱铢之利,一朝之忿,或斗讼不已,或干戈相攻,至于破国灭家,为他人所有,乌在其能利也哉?正由智识褊浅,见近小而遗远大故耳,岂不哀哉!《诗》云:"彼令兄弟,绰绰有裕。不令兄弟,交相为瘉。"其是之谓欤。子产曰:"直钧,幼贱有罪。"然则兄弟而及于争,虽俱有罪,弟为甚矣!世之兄弟不睦者,多由异母或前后嫡庶更相憎嫉,母既殊情,子亦异党。

【译文】

梁江陵王玄绍、孝英、子敏,兄弟三人感情特别好,他们如果有好吃的东西,就一起来吃,决不会一个人独自吃。他们三个人亲密无间,经常在一起。后来战乱爆发,西台失陷,因为玄绍身材魁梧,所以被敌兵所包围。他的两个弟弟一起抱住他,都请求代他去死。敌兵不能将他们分开,于是一起放了他们。贤能的兄弟之间,或者以天下国家互相推让,或者争相代死;可是那些愚蠢的兄弟,却往往争夺锱铢小利,因为一时的愤恨,或者争吵不休,或者大动干戈,以至家灭国破,为他人占有,这样做好处何在?那正是因为他们智识短浅,贪图小利,而导致因小失大,这难道不是很悲哀吗?《诗经》说:"兄弟之间和睦,家产就会绰绰有余;兄弟之间不和,就会贫病交加。"说的就是这种情况。子产说:"直钩,幼贱有罪。"如此说来,兄弟之间相互争斗,虽然都有过,但是弟弟的责任大。世上兄弟之间不和睦的,大多是因为异母或前后嫡、庶母互相憎恨、嫉妒。母亲对孩子的感情各有不同,孩子们自然不会团结一致。

【原文】

晋太保王祥,继母朱氏遇祥无道。朱子览,年数岁,见祥被楚挞,辄涕泣抱持。至于成童,每谏其母,少止凶虐。朱屡以非理使祥,览辄与祥俱。又虐使祥妻,览妻亦趋而共之。朱患之,乃止。祥丧父之后,渐有时誉,朱深疾之,密使鸩祥。览知之,径起取酒。祥疑其有毒,争而不与。朱遽夺,反之。自后,朱赐祥馔,览先尝。朱辄惧览致毙,遂止。览孝友恭恪,名亚于祥,仕至光禄大夫。

【译文】

西晋太保王祥的继母朱氏对待王祥不讲人道。朱氏的亲儿子览年仅几岁,看到王祥被母亲殴打,每次都哭泣着抱住王祥。览十五岁成童之后,常劝说母亲,让她停止对王祥的凶残虐待。朱氏多次非理惩罚王祥,览就与王祥一起去受罚。朱氏还虐待王祥的妻子,览的妻子也跟着一起受罚。朱氏没有办法,就停止了对王祥的虐待。王祥的父亲死了之后,王祥在当地的声誉渐高,朱氏很嫉恨,暗中派人要毒死王祥。览知道后,连忙拿起毒酒。王祥怀疑酒中有毒药,就跟览争夺酒,不让览喝。朱氏立刻夺过毒酒,把他还给送酒的人。从此以后,朱氏拿给王祥的饭菜,览总要先尝一下。朱氏害怕览被毒死,就停止了对王祥的谋害。览孝顺父母,爱护兄弟,名声仅次于王祥,他官至光禄大夫。

【原文】

后魏仆射李冲,兄弟六人,四母所出,颇相忿阋。及冲之贵,封禄恩赐,皆与共之,内外辑睦。父亡后,同居二十余年,更相友爱,久无间然,皆冲之德也。

【译文】

后魏仆射李冲,有兄弟六人,分别为四个母亲所生,他们互相仇视、争斗。等到李冲显贵之后,他把自己的俸禄和皇上给的赏赐全部献出来给兄弟们共用,从此兄弟们内外团结,能够和睦相处。父亲死后,他们兄弟几个在一起生活了二十多年,更加相互友爱,没有一点隔阂,他们能够这样亲密无间,都是因为李冲的品德高尚。

【原文】

北齐南汾州刺史刘丰,八子俱非嫡妻所生。每一子所生丧,诸子皆为制服三年。武平、仲所生丧,诸弟并请解官,朝廷义而不许。

【译文】

北齐南汾州刺史刘丰,他的八个儿子都不是他的嫡妻所生。每一个儿子的生母去世,其他几个儿子都要为她服丧三年。武平和仲的生母去世,其他几个兄弟都请求辞职居丧,朝廷表彰他们的节义,但没有允许他们辞职。

【原文】

唐中书令韦嗣立,黄门侍郎承庆异母弟也。母王氏遇承庆甚严,每有杖罚,嗣立必解衣清代,母不听,辄私自杖。母察知之,渐加恩贷。

兄弟苟能如此,奚异母之足患哉!

【译文】

唐代中书令韦嗣立是黄门侍郎承庆的异母弟弟,母亲王氏对待承庆非常严酷,但是每次王氏鞭打承庆的时候,嗣立就解开自己的衣服,请求代替哥哥受罚。母亲不允许,他就自己打自己一顿。母亲知道后,对承庆就渐渐好了起来。

如果兄弟之间能友爱如此,区区一个异母又有什么妨碍呢?

姑姊妹

村妇不以私害公,吓退敌国入侵之兵

【原文】

齐攻鲁,至其郊,望见野妇人抱一儿、携一儿而行。军且及之,弃其所抱,抱其所携而走于山。儿随而啼,妇人疾行不顾。齐将问儿曰:"走者尔母耶?"曰:"是也。""母所抱者谁也?"曰:"不知也。"齐将乃追之。军士引弓将射之,曰:"止!不止,吾将射尔。"妇人乃还。齐将问之曰:"所抱者谁也?所弃者谁也?"妇人对曰:"所抱者,妾兄之子也;弃者,妾之子也。见军之至,将及于追,力不能两护,故弃妾之子。"齐将曰:"子之于母,其亲爱也,痛甚于心,令释之而反抱兄之子,何也?"妇人曰:"己之子,私爱也。兄之子,公义也。夫背公义而向私爱,亡兄子而存妾子,幸而得免,则鲁君不吾畜,大夫不吾养,庶民国人不吾与也。夫如是,则胁肩无所容,而累足无所履也。

子虽痛乎,独谓义何?故忍弃子而行义。不能无义而视鲁国。"于是齐将案兵而止,使人言于齐君曰:"鲁未可伐。乃至于境,山泽之妇人耳,犹知持节行义,不以私害公,而况于朝臣士大夫乎?请还。"齐君许之。鲁君闻之,赐束帛百端,号曰"义姑姊"。

【译文】

齐国的军队攻打鲁国,到了鲁国的郊外,望见原野上有个妇女怀里抱着一个小孩,手里拉着一个小孩赶路。军队快追上去的时候,那妇女放下怀里抱着的孩子,抱起手里牵着的小孩逃到山里。那个被放下的小孩在后边啼哭,可妇女依然飞快地行走,并不理会。齐军将领问那个哭泣的小孩:"逃跑的妇女是你的母亲吗?"小孩回答说:"是的。""你母亲抱的小孩是谁?""不知道。"齐军将领就去追那个妇女,士兵引弓搭箭准备射她,并喊道:"站住!不站住,就射死你。"妇女只好回转身来。齐国的将领问她:"你抱的小孩是谁?丢下的那个小孩是谁?"妇女回答说:"怀里抱的,是我哥哥的儿子;丢下的,是我自己的儿子。看见军队快要追赶上来,我无力同时保护两个孩子,就舍弃了我自己的儿子。"齐国的将领说:"儿子对于母亲来说,那是最疼爱不过的,你现在却丢弃亲儿子,反抱着哥哥的孩子跑,这是为什么?"妇人说:"疼爱自己的孩子那是一种个人感情;救兄长的孩子,那是一种公共道德。如果我违背公共道德而偏私个人感情,丢弃兄长的孩子而救我自己的孩子,就算是幸免于难,但鲁国的国君也因此而不愿再要我这样的臣民,鲁国的大夫也不愿再去养我,国内的一般百姓也以与我为伍为耻。果真这样的话,我以后根本没有容身之所,也没有迈步之地。

这样说来,虽然很心疼儿子,但道义上怎么办呢?所以我忍心丢下儿子来保全道义。关键是如果失去了道义就再无脸去见鲁国了。"听了这个妇人的话,齐国的将领竟按兵不动,他派人报告齐国的国君说:"现在不能征伐鲁国。我们来到鲁境,连一个山野妇人都懂得守节操行道义,不以私害公,而况他们的朝臣和士大夫呢?所以我们请求退兵。"齐国的国君同意了这个意见。后来,鲁国的国君听说了这件事,赐给这个妇女束帛百端,并给了她一个"义姑姊"的荣誉称号。

【原文】

梁节姑姊之室失火,兄子与己子在室中,欲取其兄子,辄得其子,独不得兄子。火盛,不得复入。妇人将自趣火,其友止之曰:"子本欲取兄之子,惶恐卒误得尔子,中心谓何?何至自赴火?"妇人曰:"梁国岂可户告人晓也,被不义之名,何面目以见兄弟国人哉?吾欲复投吾子,为失母之恩。吾势不可生。"遂赴火而死。

【译文】

梁国有个有节操的妇女,她家里失了火,哥哥的儿子与自己的儿子都在室内,她想救出哥哥的儿子,但每次找到的都是自己的儿子,唯独不见哥哥的儿子。火势旺盛,她不能再进去,就准备跳进火中,她的朋友阻拦她说:"你本来想救你哥哥的儿子,惊慌当中却救出了自己的儿子,你的本意是好的,为什么自己要跳进火中去死呢?"那个妇女回答说:"在梁国这么大的一个国家,怎么可能向每一户人家都表白清我的想法呢?我蒙受没有道义的名声,有何脸面去见兄弟和国人呢?我想把我的儿子再投进火中,又怕失去了为人母亲的恩情和道义。我的确无法活下去了。"于是就跳进火中烧死。

【原文】

汉阳任延寿妻季儿,有三子。季儿兄季宗与延寿争葬父事,延寿与其友田建阴杀季宗。建独坐死。延寿会赦,乃以告季儿。季儿曰:"嘻!独今乃语我乎?"遂振衣欲去,问曰:"所与共杀吾兄者,为谁?"曰:"与田建。田建已死,独我当坐之,汝杀我而已。"季儿曰:"杀夫不义,事兄之仇亦不义。"延寿曰:"吾不敢留汝,愿以车马及家中财物尽以送汝,惟汝所之。"季儿曰:"吾当安之？兄死而仇不报，与子同枕席而使杀吾兄，内不能和夫家，外又纵兄之仇，何面目以生而戴天履地乎？"延寿惭而去，不敢见季儿。季儿乃告其大女曰："汝父杀吾兄，义不可以留，又终不复嫁矣。吾去汝而死，汝善视汝两弟。"遂以缰自经而死。左冯翊王让闻之，大其义，令县复其三子而表其墓。

【译文】

汉代阳任延寿的妻子叫季儿，他们有三个孩子。季儿的哥哥季宗和任延寿为安葬父亲的事发生争斗，任延寿与他的朋友田建暗杀了季宗。后来只田建一人被判了死刑，延寿正巧碰上了大赦，没有死。他回去告诉季儿，季儿说："噫，为什么现在才告诉我？"于是她一边穿衣服准备离去，一边问道："你和谁一起杀的我哥哥？"回答说："和田建。但田建现在已经死了，只有我来承担责任了，你来杀我吧，"季儿说："杀自己的丈夫是不义之举，但是侍奉兄长的仇人也是不义之事。"延寿说："我也不敢再留你做我的妻子了，我愿意将家里的车马和财物都送给你，你任意拿取。"季儿说："我应当去哪里呢？兄长被杀而不能为他报仇，我和你一起生活却发生了你杀我兄长的事，我在内不能调理好丈夫与别人的矛盾，在外又放过了兄长的仇人，我还有什么脸面活在世界上呢？"延寿觉得很羞惭，不敢再去见季儿。季儿对她的大女儿说："你的父亲杀了我的哥哥，按道义我不能再留在这里了，但我也不能再改嫁他人了。我只得丢下你们去死，你一定要好好照看你的两个弟弟。"于是她便上吊自杀了。当时的左冯翊王让听说了这件事后，赞赏季儿的节义，下令让县里免去她的三个孩子的徭役，并旌表季儿的节烈义举。

【原文】

唐冀州女子王阿足，早孤，无兄弟，唯姊一人。阿足初适同县李氏，未有子而亡，时年尚少，人多聘之。为姊年老孤寡，不能舍去，乃誓不嫁，以养其姊。每昼营田业，夜便纺绩，衣食所须，无非阿足出者，如此二十余年。及姊丧，葬送以礼。乡人莫不称其节行，竞令妻女求与相识。后数岁，竟终于家。

【译文】

　　唐代冀州女子王阿足,早年丧父,没有兄弟,只有一个姐姐。阿足起初嫁给本县的李氏,还没有生孩子,丈夫就死了,这时阿足还很年轻,很多人想娶她为妻。但她想到姐姐年老又孤苦伶仃,她不愿离开姐姐,就发誓不再嫁人,以便来养活姐姐。她白天耕田种地,晚上纺纱织布,姐姐的衣食用品都是她提供的,如此这般,长达二十多年。等到姐姐去世,她依照礼法安葬了姐姐。乡里的百姓无不称赞她的品行,竞相让自己的妻子、女儿与她结识,向她学习。几年后,她老死在家中。

夫妻应相敬如宾

【原文】

　　夫妇之道,天地之大义,风化之本原也,可不重欤!《易》:"艮下兑上,咸。象曰:止而说,男下女,故取女吉也。巽下震上,恒。象曰:刚上而柔下,雷风相与。"盖久常之道也。是故礼,婿冕而亲迎,御轮三周。所以下之也。既而婿乘车先行,妇车从之,反尊卑之正也。

　　《家人》:"初九,闲有家,悔亡。"正家之道,靡不在初,初而骄之,至于狼,浸不可制,非一朝一夕之所致也。昔舜为匹夫,耕渔于田泽之中,妻天子之二女,使之行妇道于翁姑,非身率以礼义,能如是乎?

【译文】

　　夫妇之间的道义,是天地间的很重要的道义,也是风俗教化的本原,能不重视吗!《周易》说:"艮在下兑在上,是咸卦。象辞说:男女交往既有节制又互相愉悦,男子谦卑地向女子求婚,这样娶妻子就吉利。巽在下震在上,是恒卦。象辞说:男子在上,女子在下,是雷和风的结合。"这大概是永恒不变的道理。因此礼法规定：新郎戴上礼帽，迎亲的时候要驾车绕行几圈，为的是为了向新娘表示谦恭。然后新郎乘车走在前面，新娘的车跟在后面，又是为了表明男尊女卑。

《家人》卦说："处于一位的阳爻表现的是：在治理家庭时，要注意防止妻子的空闲无聊，那样就不会产生悔恨。"因此端正家风的办法，就是一娶回媳妇的时候就要严格管理。一开始就娇惯妻子，以至于妻子放荡恣肆，不可遏制。这并不是一朝一夕就会出现这样的情况的，而是从一开始就没有管好的结果。从前虞舜身为平民的时候，亲自在田泽之中种田养鱼。他娶了天子的两个女儿做妻子，但能让她们在公婆面前履行妇道，如果不是他自己躬行礼义，妻子能做到这些吗？

【原文】

汉鲍宣妻桓氏，字少君。宣尝就少君父学，父奇其清苦，故以女妻之，装送资贿甚盛。宣不悦，谓妻曰："少君生富骄，习美饰，而吾实贫贱，不敢当礼。"妻曰："大人以先生修德守约，故使贱妾侍执巾栉，既奉承君子，惟命是从。"宣笑曰："能如是，是吾志也。"妻乃悉归侍御服饰，更着短布裳，与宣共挽鹿车，归乡里，拜姑毕，提瓮出汲，修行妇道，乡邦称之。

【译文】

西汉鲍宣的妻子桓氏，字少君。鲍宣曾经跟随少君的父亲读书学习，少君的父亲欣赏他刻苦好学，就把女儿许配给了他。少君出嫁时嫁妆非常丰厚，鲍宣心里不高兴，就对妻子说："你生在富贵人家，习惯穿着漂亮的衣服，可是我非常贫穷，不敢和你结婚。"妻子说："我父亲因为你品德高尚、俭朴简约，所以让我来侍奉你，既然做了你的妻子，我什么事情都听你的。"鲍宣笑着说："你真能这样，就符合我的心意了。"少君将那些贵族服装全都送回娘家，穿上了平民的简短衣裳，与鲍宣一起拉着小车，回到家乡。她拜完婆母，就提着水瓮出去打水，修习为妇之道，乡里的人对她非常称赞。

【原文】

扶风梁鸿，家贫而介洁。势家慕其高节，多欲妻之，鸿并绝不许。

同县孟氏有女，状肥丑而黑，力举石臼，择对不嫁，行年三十。父母问其故，女曰："欲得贤如梁伯鸾者。"鸿闻而聘之。女求作布衣麻履，织作筐缉绩之具。及嫁，始以装饰，入门七日，而鸿不答。妻乃跪床下请曰："窃闻夫子高义，简斥数妇，妾亦偃蹇数夫矣。今而见择，敢不请罪？"鸿曰："吾欲裘褐之人，可与俱隐深山者尔。今乃衣绮缟，傅粉墨，岂鸿所愿哉！"妻曰："以观夫子之志尔。妾自有隐居之服。"

乃更椎髻，着布衣，操作具而前。鸿大喜，曰："此真梁鸿之妻也！能奉我矣！"字之曰"德曜。"遂与偕隐。是皆能正其初者也。夫妇之际，以敬为美。

【译文】

东汉扶风人梁鸿，家里虽然十分贫穷，但他志向高洁。当地有权势的人家羡慕他的品行高尚，都愿意把女儿许配给他，可是他都回绝了。

同县孟氏家有个女儿，长得肥胖而且又黑又丑，力气很大，能举起石臼。家人为她选好了对象她却不出嫁，年近三十，尚未婚配。父母问她原因，她说："我想找个像梁鸿那样贤能的人。"梁鸿听说后就和她订了婚。她让父母给她准备了布衣麻鞋以及筐筐、纺织用具等等。出嫁后，她每天都梳妆打扮，但进入梁家七天，梁鸿也没有答理她。她跪在床下请罪说："我听说你志向高洁，拒绝了好几个求婚女子，我也不肯低就，回绝了几个求婚男子。如今被你看中，敢问我的过错何在？"梁鸿回答说："我想娶的是能过平民生活的女子，她能和我一起隐居深山之中。如今你却穿着绫罗绸缎，涂脂抹粉，哪里是我的愿望啊！"妻子说："我先前那样打扮，为的就是观察你的志向。我自有隐居的服装。"

过了一会儿，她的头发绾成椎髻，身穿布衣短裳，手拿干活的工具，来到梁鸿跟前。梁鸿非常高兴,说:"这才像我梁鸿的妻子!你可以侍奉我了。"他给妻子取字叫"德曜",然后和她一起隐居深山。像这样的夫妻就是一开始丈夫就将妻子引上了正路。夫妻之间,以相敬如宾为美德。

【原文】

晋臼季使,过冀,见冀缺耨,其妻馌之,敬,相待如宾。与之归,言诸文公曰:"敬,德之聚也,能敬必有德,德以治民,君请用之。"

文公从之,卒为晋名卿。

【译文】

晋国的白季出使远方,路过冀地,看见冀缺锄田,他的妻子给他送来了饭。妻子对丈夫非常恭敬,而冀缺对妻子也相敬如宾。白季就把冀缺一起带回了晋国,并向晋文公推荐说:"对别人恭敬是有德行的最大的表现,一个人如果能做到恭敬,他肯定有德行。而德正是治理国家所需要的东西,陛下请重用这个人吧,不会有错。"

晋文公听从了他的话,将冀缺委以官职。而冀缺也确实很有德行,最终成为晋国很出名的好官。

【原文】

汉梁鸿避地于吴,依大家皋伯通,居庑下,为人赁舂。每归,妻为具食,不敢于鸿前仰视,举案齐眉。伯通察而异之,曰:"彼佣,能使其妻敬之如此,非凡人也。"方舍之于家。

【译文】

东汉梁鸿到吴地避乱,投靠在大家世族皋伯通的门下,寄居他家廊下,靠为人舂米为生。梁鸿每次舂米回来,妻子都为他做好了饭菜,却不敢仰视丈夫一眼,将盛饭菜的托盘高高举起来,送到丈夫面前。伯通发现后非常惊异,说:"他是一个佣人,却能让他的妻子对他如此恭敬,他肯定不是平常人。"于是伯通就让梁鸿住进家里。

【原文】

晋太宰何曾,闺门整肃,自少及长,无声乐嬖幸之好。年老之后,与妻相见,皆正衣冠,相待如宾,己南向,妻北面再拜,上酒,酬酢既毕,便出。一岁如此者,不过再三焉。若此,可谓能敬矣!

【译文】

西晋太宰何曾,他家闺门整肃有规矩。全家的人,从年轻的到成年的,没有一个人喜欢声色。何曾在年老之后,每次与妻子会面,都要整衣束带,与妻子相敬如宾。他自己面南而坐,妻子向北给他拜两拜,然后端上酒来,互相敬酒之后,何曾就走了。夫妇之间这样互相行礼,一年之中不过两三次。像这样的夫妻,可谓是相敬如宾。

【原文】

昔庄周妻死,鼓盆而歌。汉山阳太守薛勤,丧妻不哭,临殡曰:"幸不为夭,夫何恨!"太尉王龚妻亡,与诸子并杖行服,时人两讥之。晋太尉刘实丧妻,为庐杖之制,终丧不御肉,轻薄笑之,实不以为意。彼庄、薛弃义,而王、刘循礼,其得失岂不殊哉?何讥笑焉!

【译文】

古代庄周的妻子死了,庄周敲着盆子高歌。汉代山阳太守薛勤,妻子死了他不哭,临到殡殓的时候他说:"你已经不算是夭折了,有什么遗憾的呢?"太尉王龚的妻子去世,王龚和几个儿子一起行丧礼,当时的人都讥讽他。晋太尉刘实的妻子去世,他为妻子按礼制服丧,在治丧期间他一点肉都不吃。当时那些轻薄的人讥笑他,很不以为然。庄周和薛勤丝毫不讲礼义,而王龚和刘实遵守礼法,他们谁对谁错难道还看得不明显吗?为什么要讥笑王龚和刘实呢?

【原文】

《易》:"恒。六五,恒其德。贞,妇人吉。夫子凶。象曰:妇人贞吉,从一而终也。夫子制义,从妇凶也。"丈夫生而有四方之志,威令所施,大者天下,小者一官,而近不行于室家,为一妇人所制,不亦可羞哉!昔晋惠帝为贾后所制,废武悼杨太后于金墉,绝膳而终。囚愍怀太子于许昌,寻杀之。唐肃宗为张后所制,迁上皇于西内,以忧崩。

建宁王倓以忠孝受诛。彼二君者,贵为天子,制于悍妻,上不能保其亲,下不能庇其子,况于臣民!自古及今,以悍妻而乖离六亲、败乱其家者,可胜数哉?然则悍妻之为害大也。故凡娶妻,不可不慎择也。既娶而防之以礼,不可不在其初也。其或骄纵悍戾,训厉禁约而终不从,不可以不弃也。夫妇以义合,义绝则离之。今士大夫有出妻者,众则非之,以为无行,故士大夫难之。按礼有七出,顾所以出之,用何事耳!若妻实犯礼而出之,乃义也。昔孔氏三世出其妻,其余贤士以义出妻者众矣,奚亏于行哉?苟室有悍妻而不出,则家道何日而宁乎?

【译文】

《易经》里的恒卦讲:"六五:恒守其德行。如果卜得妇人就吉利,丈夫则凶。象辞说:爻辞讲妇人操守贞洁就会吉利,这是符合从夫以终其身的道理的。丈夫则因事制宜,该行的道义也很多。如果用妇德来约束男子,则必遭凶险。"男子生来志在四方,发号施令,大则谋国,小则为官,然而其号令却不能在家里行通,为一个妇女所控制,这不是很可耻的事吗?晋惠帝受制于贾南风,废掉武悼杨太后,使她在金墉绝食而死。将憨怀太子囚禁在许昌,不久就杀死了他。唐肃宗受制于张后,把父皇迁到太极宫内,以至于玄宗忧郁而死。

  建宁王倓也因为忠诚父皇而被杀。那两个国君贵为天子,可一旦被凶悍的妻子控制,亦上不能保护他的父亲,下不能庇护他的儿子,更何况一般百姓呢?从古到今,因为家里有凶悍的妻子而背离六亲、败坏家庭的人多得不可胜数。由此说来,悍妻的危害很大。所以男子娶妻,不能不慎重。娶妻之后以礼进行训导,一定要从新婚开始就施行。妻子骄纵悍戾,丈夫经过训导禁约,却仍然不能听从,丈夫就要考虑休掉她。夫妇之间有情义就在一起生活,没有情义就分手。现在有的士大夫休掉妻子,就会引来许多非议,以为他没有德行,所以士大夫要想休掉他的妻子是一件很难的事。按照礼法,如果妻子违背七条妇德中的一条,就应该将她休掉。根据这七条妇德来决定是否休妻,还用费什么事呢?如果妻子确实违背了礼法,休妻就是一种义举。从前孔氏家族三代都休过妻子,其他有才德的人按礼法休掉妻子的也很多很多,但这些并没有影响他们的德行。相反,如果家里有凶悍而不讲礼的妻子,你不休掉她,家里什么时候才能获得安宁啊!

温公家范 卷八

妻上

女子柔顺方才可爱

【原文】

太史公曰:"夏之兴也以涂山,而桀之放也以妹喜;殷之兴也以有娀,纣之杀也嬖妲己;周之兴也以姜嫄及大任,而幽王之擒也,淫于褒姒。故《易》基乾坤,《诗》始关雎。夫妇之际,人道之大伦也。礼之用,唯婚姻为兢兢。夫乐调而四时和,阴阳之变,万物之统也,可不慎欤?"为人妻者,其德有六:一曰柔顺,二曰清洁,三曰不妒,四曰俭约,五曰恭谨,六曰勤劳。夫天也,妻地也;夫日也,妻月也;夫阳也,妻阴也。天尊而处上,地卑而处下。日无盈亏,月有圆缺。阳唱而生物,阴和而成物。故妇人专以柔顺为德,不以强辩为美也。汉曹大家作《女戒》,其首章曰:"古者生女三日,卧之床下,明其卑弱,主下人也。谦让恭敬,先人后己,有善莫名,有恶莫辞,忍辱含垢,常若畏惧。"

又曰:"阴阳殊性,男女异行。阳以刚为德,阴以柔为用。男以强为贵,女以柔为美。故鄙谚有云:生男如狼,犹恐其;生女如鼠,犹恐其虎。然则修身莫若敬,避强莫若顺。故曰:敬顺之道,妇人之大礼也。"又曰:"妇人之得意于夫主,由舅姑之爱己也。舅姑之爱己,由叔妹之誉己也。"由此言之,我臧否誉毁,一由叔妹。叔妹之心,诚不可失也。皆知叔妹之不可失,而不能和之以求亲,其蔽也哉!自非圣人,鲜能无过,虽以贤女之行、聪哲之性,其能备乎!是故室人和则谤掩,外内离则恶扬,此必然之势也。夫叔妹者,体敌而名尊,恩疏而义亲,若淑媛谦顺之人,则能依义以笃好,崇恩以结援,使徽美显章,而瑕过隐塞,舅姑矜善,而夫主嘉美,声誉曜于邑邻,休光延于父母。若夫蠢愚之人,于叔则托名以自高,于妹则因宠以骄盈。骄盈既施,何和之有?恩义既乖,何誉之臻?是以美隐而过宣,姑忿而夫愠,毁誉布于中外,耻辱集于厥身,进增父母之羞,退益君子之累,斯乃荣辱之本,而显否之基也,可不慎哉!然则求叔妹之心,固莫尚于谦顺矣。谦则德之柄,顺则妇之行;兼斯二者,足以和矣!若此,可谓能柔顺矣!妻者,齐也。一与之齐,终身不改。故忠臣不事二主,贞女不事二夫。《易》曰:"柔顺利贞,君子攸行。"又曰:"用六,利永贞。"晏子曰:"妻柔而正。"

言妇人虽主于柔,而不可失正也。故后妃逾国,必乘安车辎軿;下堂,必从傅母保阿;进退则鸣玉环珮,内饰则结纫绸缪;野处则帷裳壅蔽,所以正心一意,自敛制也。《诗》云:"自伯之东,首如飞蓬。岂无膏沐,谁适为容。"故妇人,夫不在,不为容饰,礼也。

【译文】

司马迁说:"夏朝的兴盛,是因为有了涂山,而夏桀最终被流放,罪在妹喜;商朝的兴起,功归于有娀,商纣王残酷杀戮朝臣,是因为他宠爱妲己;周代的兴起是因为有姜嫄及大任,而幽王最终被擒,是因为有褒姒的荒淫。因此,《周易》以乾坤为基础,《诗经》以关雎为开始。夫妻之间的道德关系,是人类社会的道德规范的重大原则。礼法用于婚姻,是因为对待婚姻要小心谨慎。乐调节,则四时和,阴阳的变化,是万物变化的依据,能不慎重吗?"为人妻子,其品德共有六种:一是柔顺,二是清洁,三是不嫉妒,四是简约,五是恭谨,六是勤劳。丈夫如天空,妻子像大地;丈夫像太阳,妻子像月亮;丈夫阳刚,妻子阴柔。天位尊而居上,地卑下而处下,太阳没有盈亏变化,月亮却有圆缺。阳唱而能生物,阴和而能成物。所以妻子以温柔顺从为美德,而不以强词夺理为美。汉代的曹大家作《女戒》,在第一章里说:"古代生了女孩子,三天之后就将他放在床下,意思是说女孩子天生卑微体弱,属于下贱者。女孩子长大后,应该处处谦让恭敬,先人后己,做了好事不要去张扬,做了错事不要推卸责任。女人要忍受屈辱,经常表现出战战兢兢的样子来。"

《女戒》又说:"阴阳性质不同,男女行为上有区别。阳以刚强为德,阴以柔顺为用。男子以强健为贵,女子以柔顺为美。因此有句谚语说:'生个男孩像豺狼,还害怕他软弱如蛇;生个女孩像老鼠,仍害怕她成为老虎。'修养自身莫如恭敬,躲避强暴莫若温顺。所以说:恭敬柔顺之道,是为人妻子的最重要的礼义。"又说:"妻子受到丈夫的宠爱,是因为得到了公婆的喜爱。公婆喜欢自己,又是因为小叔小姑称赞自己。"由此可以看出,妻子的荣辱誉毁,完全在于小叔小姑对你怎么评价。对小叔小姑的爱心,确实不能失去。每个妻子都知道不能失去小叔小姑的爱心,但又不能温和地对待他们,岂不是大错特错吗?妻子并不是圣人,怎么能没有过错呢?即使有贤女的品行和聪慧,也难以成为没有缺点的完人。因此妻子只要得到家人的爱护,她的缺点过错就不会外传。倘若得不到家人的喜爱,她的过错就会传扬出去,这是必然的。小叔小姑对嫂子来说,本来就不好相处,但他们的名分又很尊贵;互相之间本来就没有什么恩情,但道义上必须表现为和睦相处。若是贤淑、谦顺的妻子,和小叔小姑和睦相处,崇恩结缘,使自己的美德得以远扬,错误得以遮掩,以至于公婆夸奖自己,丈夫赞扬自己,贤妇的声誉传播乡邻,进而为父母带来荣耀。若是愚蠢的妻子,在小叔面前自高自大;在小姑面前因宠而骄悍。既然如此,又怎能谈得上和平相处呢?既然背恩弃义,又怎能获取小姑小叔的赞誉?结果自己的美德被遮掩,过错被远扬,最后公婆愤恨,丈夫恼怒,恶名传遍内外,而耻辱都集于一身,留在夫家就会增添父母的耻辱,回到娘家又会增加丈夫的忧虑。对待小叔小姑的态度是为人之妻荣辱的关键,能不慎重对待吗?要博得小叔小姑的好感,最好的办法就是谦恭温顺。谦恭,是美好品德的根本,温顺是妻子应有的品行,二者兼备,就能和小叔小姑和睦相处。妻子像这样,才能称之为柔顺。妻子要对丈夫恭敬,一旦与丈夫结婚,就要终身不再改嫁。因此忠诚的大臣不能侍奉两个君主,贞节的女子不能侍奉两个丈夫。《周易》说:"妻子柔顺,有利于贞守妇道,丈夫才能远行。"又说:"用六:有利于永远恪守妇道。"晏婴说:"妻子如果性情柔顺,作风就会正派。"

　　说的是妻子以温柔为主,此外还要作风正派。因此皇帝的后妃要出行,必须乘坐有帷幕的安车;走到堂下,要听从傅母和保姆的意见,进门出门都要佩带鸣玉,在家梳妆打扮,就要自结绸缪组纽;在野外居住要穿着帷裳,为的是能够一心一意,做到自我约束。《诗经》说:"自从君子远征东边,我在家里披头散发。难道是没有润发油吗?不是,可我又为谁打扮呢?"所以妻子在丈夫外出的时候不打扮自己,这是合乎礼法的。

【原文】

　　卫世子共伯早死,其妻姜氏守义。父母欲夺而嫁之,誓而不许,作《柏舟》之诗以见志。

【译文】

　　卫国太子共伯死得早,他的妻子姜氏坚守为人妻子的礼义。姜氏的父母想让她改嫁,她发誓不再嫁人,还写了一首诗《柏舟》,以此来表达自己坚强的意志。

伯姬不从,遂逮于火而死

【原文】

　　宋共公夫人伯姬,鲁人也。寡居三十五年。至景公时,伯姬之宫夜失火,左右曰:"夫人少避火。"伯姬曰:"妇人之义,保傅不具,夜不下堂。待保傅之来也。"保母至矣,傅母未至也。左右又曰:"夫人少避火。"

【译文】

宋共公的夫人伯姬是鲁国人,她一直守寡长达三十五年。到景公的时候,伯姬住的宫中在夜里失了火,她跟前的人对她说:"夫人赶快出来避火。"伯姬说:"妇人应该遵守的礼义是,如果保姆和傅母不在跟前,晚上就不能下堂。我要等待保姆、傅母来了才出去。"一会儿,保姆来了,但傅母还没来,跟前的人又劝:"夫人赶快出来避火。"伯姬不从,于是被火烧死了。

【原文】

楚昭夫人贞姜,齐女也。王出游,留夫人渐台之上而去。王闻江水大至,使使者迎夫人,忘持其符。使者至,请夫人出。夫人曰:"王与宫人约令,召宫人必持符。今使者不持符,妾不敢从。"使曰:"今水方大至,还而取符,则恐后矣!"夫人不从。于是使者反取符,未还,则水大至,台崩,夫人流而死。

【译文】

楚昭王的夫人贞姜,是齐国的女子。一次,楚昭王出游,将贞姜夫人留在了建台之上。走在半道,楚昭王突然听说江水暴涨,便立即派使者去建台上接夫人。可是使者在匆忙之中忘了拿符。使者到了夫人那里,请夫人赶快走。夫人说:"大王与宫中的人有约令,召宫人一定要拿大王的符。现在使者不拿符,我不敢离开。"使者说:"可眼下洪水马上就要到来,等我回去取了符,恐怕就迟了!"夫人仍然不走。于是,使者只好返回去取符。他还没有返回来,洪水就涌来了,渐台坍塌,贞姜夫人被洪水淹没而死。

【原文】

蔡人妻,宋人之女也。既嫁,而夫有恶疾,其母将再嫁之。女曰:"夫人之不幸也,奈何去之?适人之道,一与之醮,终身不改,不幸遇恶疾,彼无大故,又不遣妾,何以得去?"终不听。

【译文】

有一个蔡人娶了宋人的女儿做妻子。宋女出嫁不久,丈夫便患了重病,她的母亲想让她改嫁。宋女说:"丈夫遭遇了不幸,我怎能离开他?嫁给他人就要坚守道义,一旦与他结婚,就得厮守终身,不再改嫁。丈夫虽然不幸得了重病,但他并没有大的变故,而且他又没有赶我走,我为什么要离开他呢?"她最终没有听从母亲的话。

【原文】

梁寡妇高行,荣于色而美于行。早寡不嫁,梁贵人多争欲娶之者,不能得。梁王闻之,使相聘焉。高行曰:"妾夫不幸早死,妾守养其幼孤,贵人多求妾者,幸而得免。今王又重之。妾闻妇人之义,一往而不改,以全贞信之节。今慕贵而忘贱,弃义而从利,无以为人。"乃援镜持刀以割其鼻,曰:"妾已刑矣,所以不死者,不忍幼弱之重孤也。王之求妾,以其色也,今刑余之人,殆可释矣!"于是相以报王。王大其义而高其行,乃复其身,尊其号曰:"高行。"

【译文】

梁国有一个寡妇叫高行,她容貌漂亮,又有好名声,年轻守寡,没有改嫁。梁国的达官显贵都争着想娶她为妻,但不能得到她。梁国国王听说后,便派丞相去礼聘。高行说:"我的夫君不幸早死,我抚育他的孩子,有许多达官显贵来娶我,我都拒绝了。不想现在大王又来礼聘。我听说妇人应该遵守的礼义是从一而终,以成全贞洁和守信用的节操。如果我现在羡慕富贵,忘掉贫贱之先夫,丢弃信义而去追逐利益,那我还怎么做人呢?"于是她照着镜子，用刀割下了自己的鼻子，然后说："我已经毁了容，我之所以没有去死，是因为丢不下幼弱的孩子。大王想要得到我，无非是为了我的美色，现在我已经是个毁了容的人了，大概可以放过我了吧！"丞相将这一情况报告给梁王，梁王嘉奖她的品行德义，于是听其自便，并赐给她一个封号叫"高行"。

【原文】

汉陈孝妇，年十六而嫁，未有子。其夫当行戍，夫且行时，属孝妇曰："我生死未可知，幸有老母，无他兄弟备养，吾不还，汝肯养吾母乎？"妇应曰："诺。"夫果死不还。妇乃养姑不衰，慈爱愈固，纺绩织纴以为家业，终无嫁意。居丧三年，父母哀其年少无子而早寡也，将取而嫁之。孝妇曰："夫行时属妾以其老母，妾既许诺之，夫养人老母而不能卒，许人以诺而不能信，将何以立于世？"欲自杀。其父母惧而不敢嫁也，遂使养其姑二十八年。姑八十余，以天年终，尽卖其田宅财物以葬之，终奉祭祀。淮阳太守以闻，孝文皇帝使使者赐黄金四十斤，复之终身无所与，号曰"孝妇"。

【译文】

汉代陈孝妇，年仅十六岁就出嫁了，没生孩子。她的丈夫要去戍守边疆，临走的时候，嘱咐她说："我这一走，生死未卜，家里还有老母亲，又没有其他弟兄能够赡养，如果我回不来，你愿意赡养我的母亲吗？"孝妇回答说："愿意。"丈夫果然死在战场上没有回来。孝妇就赡养婆婆，婆媳相依为命，互相疼爱，孝妇靠纺纱织布来维持生活，始终没有改嫁的想法。她为丈夫居丧三年后，父母可怜她年轻守寡又没有孩子，就想让她改嫁。她说："丈夫走的时候把他的老母托付给我，我既然许下诺言就应该守信用，赡养他人老母却不能坚持到最后，许诺于人却不能守信用，我还怎么活在世界上呢？"她想用自杀来反抗父母，她的父母害怕她寻死就不敢强迫她改嫁，让她继续赡养婆婆。二十八年后，婆婆八十多岁，寿终正寝。孝妇将房屋、田地等家产全部卖掉来安葬婆婆。而且为婆婆守丧、祭祀。淮阳太守将她的事迹禀报皇帝,孝文皇帝派遣使者赐给她黄金四十斤,免除她终身的赋役,并尊称她为"孝妇"。

【原文】

吴许升妻吕荣,郡遭寇贼,荣逾垣走。贼持刀追之。贼曰:"从我则生,不从我则死。"荣曰:"义不以身受辱寇虏也。"遂杀之。是日疾风暴雨,雷电晦冥,贼惶恐,叩头谢罪,乃殡葬之。

【译文】

吴许升的妻子吕荣,为躲避贼寇追赶,跳墙而逃。那些贼寇持刀追她。贼喊:"跟我们走你就可以活命,不跟我们走就杀死你。"吕荣回答说:"我决不受辱于贼寇!"于是自杀而死。这天疾风暴雨,电闪雷鸣,贼寇为自己伤天害理感到恐惧,便叩头谢罪,并安葬了吕荣。

【原文】

沛刘长卿妻,五更桓荣之孙也。生男五岁而长卿卒。妻防远嫌疑,不肯归宁。儿年十五,晚又夭殁。妻虑不免,乃豫刑其耳以自誓。宗妇相与愍之,共谓曰:"若家殊无他意,假令有之,犹可因姑姊妹以表其诚,何贵义轻身之甚哉!"对曰:"昔我先君五更,学为儒宗,尊为帝师。五更以来,历代不替。男以忠孝显,女以贞顺称。《诗》云:无忝尔祖,聿修厥德。是以豫自刑剪,以明我情。"沛相王吉上奏高行,显其门闾,号曰"行义桓嫠"。县邑有祀必膰焉。

【译文】

沛刘长卿的妻子是五更桓荣的孙女。他们结婚后生了一个男孩,但孩子五岁时刘长卿就死了。妻子怕娘家让她改嫁,便不回娘家。她的儿子长到十五岁的时候,又不幸死掉。刘妻考虑娘家早晚要让她改嫁,便预先割掉自己的耳朵,发誓不嫁。同宗族的女人们很怜悯她,一起对她说:"其实你娘家并没有让你改嫁的意思,即便有,我们还可以替你说情,表白你的诚意,为什么贵义轻身竟到如此的地步呢?"她回答说:"从前我先夫活着的时候,学问上乘,被尊为帝师。打他之后,没有能超过他的。男人就应该以忠诚和孝顺来求得显达,女人就应该以贞洁和温顺来赢得好名声。《诗经》说:不要羞辱你的祖先,应当修养你的德行。因此我预先自己毁容,以向世人表明我的心志。"沛相王吉向皇上奏明她的高行义举,对她进行表彰,并称她为"行义桓嫠"。她死之后,县里只要有祭祀活动,就肯定要祭拜她。

【原文】

度辽将军皇甫规卒时,妻年犹盛而容色美。后董卓为相国,闻其名,聘以辎軿百乘,马四十匹,奴婢钱帛充路。妻乃轻服诣卓门,跪自陈请,辞甚酸怆。卓使傅奴侍者,悉拔刀围之,而谓曰:"孤之威教,欲令四海风靡,何有不行于一妇人乎?"妻知不免,乃立骂卓曰:"君羌胡之种,毒害天下犹未足邪!妾之先人,清德奕世。皇甫氏文武上才,为汉忠臣,君亲非其趣使走吏乎!敢欲行非礼于尔君夫人耶?"卓乃引车庭中,以其头悬轭,鞭扑交下。妻谓持杖者曰:"何不重乎?速尽为惠!"遂死车下。后人图画,号曰"礼宗"云。

【译文】

度辽将军皇甫规死的时候,他的妻子还正值盛年,姿色犹存。后来,董卓当了相国,听说她很美丽,就以豪华的车子百辆、四十匹马和许多奴婢钱帛为聘礼,想娶她。皇甫规的妻子得知后,就亲自到董卓的门上,跪地陈说自己不愿再嫁,言辞诚恳动人。董卓命令手下手执利刃将她围住,并对她说:"我以我的威势,想让天下的人都听我的号令,我怎么能容忍一个妇人竟不听话!"皇甫妻心知不能免祸,便干脆站起来大骂董卓:"你本来就是个羌人和胡人的野种,你祸害天下还没有够啊!我夫君家,清明廉正的德行代代相传。我的先夫皇甫规文武全才,是汉室的忠臣,你那时只不过是他驱使下的一个小小走卒,你敢对你的上司的夫人行非礼吗?"董卓命人将一辆车拉进庭院中,将她的头套进轭里,然后鞭打她。皇甫妻对那些打她的人说:"为什么不打得重一点呢?我只愿快点死。"她最终被打死在车下。后人为她画像,称她为"礼宗"。

【原文】

　　魏大将军曹爽从弟文叔妻,谯郡夏侯文宁之女,名令女。文叔早死,服阕,自以年少无子,恐家必嫁己,乃断发以为信。其后家果欲嫁之。

　　令女闻,即复以刀截两耳。居止尝依爽。及爽被诛,曹氏尽死,令女叔父上书,与曹氏绝婚,强迎令女归。时文宁为梁相,怜其少执义,又曹氏无遗类,冀其意沮,乃微使人讽之。令女叹且泣曰:"吾亦悔之,许之是也。"家以为信,防之少懈。令女于是窃入寝室,以刀断鼻,蒙被而卧。其母呼与语,不应。发被视之,流血满床席。举家惊惶,奔往视之,莫不酸鼻。或谓之曰:"人生世间,如轻尘栖弱草耳,何至辛苦乃尔!且夫家夷灭已尽,守此欲谁为哉?"令女曰:"闻仁者不以盛衰改节,义者不以存亡易心。曹氏前盛之时,尚欲保终,况今衰亡,何忍弃之?禽兽之行,吾岂为乎?"司马宣王闻而嘉之,听使乞子,养为曹氏后。

【译文】

　　魏大将军曹爽从弟文叔的妻子,是谯郡夏侯文宁的女儿,她的名字叫令女。文叔很早就死了,令女服丧期满后,自料自己年轻而且没有孩子,娘家肯定要让她改嫁,于是她剪断自己的头发,以示自己不再改嫁。后来,娘家果然想让她再嫁。

　　令女听说后,又用刀子剪下了自己的两个耳朵,并住在曹爽家里。等到曹爽被杀,曹氏家族被灭族,令女的叔父上书朝廷,声明他家与曹家断绝婚姻关系,而且硬将令女接回娘家。此时令女的父亲文宁担任梁相,可怜女儿还年轻,却固执于妇道,而且曹家已经没有后人了,因此他希望女儿能改变初衷。于是他派人去劝说女儿。令女假装叹气而且哭着说:"我也很后悔,我答应便是了。"家人信以为真,便不再防范她。令女于是偷偷进入寝室,用刀子割断了自己的鼻子,然后用被子蒙住头睡在床上。她母亲叫她,与她说话,她不答应。揭开被子一看,血流满床。全家人都很惊慌,跑去看她,都为之掉泪。有人对她说:"人活在世上,就好像一点灰尘落在了小草上,为何要这么认真呢?况且你丈夫家已被灭族,你即使守着,又为了谁呢?"令女回答说:"我听说仁德的人不因为盛衰穷富而改变自己的节操;有义气的人不因为存亡而变心。曹家在兴盛的时候,我还想保持名节,而况他家现在已经衰亡,我怎么忍心背弃他们呢?像禽兽一样无情无义的事,我怎么能够做出来呢?"司马宣王听说了这件事,便赞扬她的德行,任凭她去要一个孩子来抚养,作为曹氏的后代。

【原文】

后魏钜鹿魏溥妻房氏者,慕容垂贵乡太守常山房湛女也。幼有烈操,年十六,而溥遇疾且卒,顾谓之曰:"死不足恨,但痛母老家贫,赤子蒙眇,抱怨于黄垆耳。"房垂泣而对曰:"幸承先人余训,出事君子,义在偕老。有志不从,盖其命也。今夫人在堂,弱子襁褓,顾当以身少相卫,永释长往之恨。"俄而溥卒。及将大敛,房氏操刀割左耳,投之棺中,仍曰:"鬼神有知,相期泉壤。"流血滂然,丧者哀惧。姑刘氏辍哭而谓曰:"新妇何至于此?"对曰:"新妇少年,不幸早寡,实虑父母未量至情,觊持此自誓耳。"闻知者莫不感怆。时子缉生未十旬,鞠育于后房之内,未曾出门。遂终身不听丝竹,不预坐席。缉年十二,房父母仍存,于是归宁。父兄尚有异议,缉窃闻之,以启其母。房命驾,绐云他行,因而遂归,其家弗知之也。行数十里方觉,兄弟来追,房哀叹而不反。其执意如此。

【译文】

　　后魏钜鹿人魏溥的妻子房氏，是慕容垂贵乡太守常山房湛的女儿。房氏虽然年纪不大，但颇有操守。她十六岁的时候，丈夫魏溥得病而死。临死时丈夫对她说："我死倒无所谓，只是我母亲已上年纪，家里贫穷，而且孩子又小，这些让我死不瞑目啊！"房氏哭着对他说："我接受父母的指教，有幸来侍奉你，本来打算与你白头到老。现在不能实现这个愿望，这大概也是天意。你死之后，上有高堂老母，下有襁褓幼子，只有我年轻力壮，我自当照料他们，请你放心好了。"夫妻俩说完这些话，魏溥就死了。入殓的时候，房氏用刀子将自己的左耳朵割下来，扔进棺材里，并说："如果鬼神有知的话，请你在地下等我。"她血流如注，参加丧礼的人看了，都既可怜她，又感到惊惧。婆婆刘氏哭着说："媳妇你为什么要这样呢？"房氏回答说："我年纪还小，不幸早寡，我担心我的父母亲不考虑我们的夫妻感情，令我改嫁，所以我割耳发誓，不再改嫁。"听到这话的人无不感叹而悲怆。这时他们的孩子缉出生还不到一百天，房氏在家里抚养孩子，从不出门。她终身不听音乐，不和外边的人同坐。缉十二岁的时候，房氏的父母仍然健在，于是他回家去看望父母。此时她的父亲和哥哥还有让她改嫁的意思，缉偷偷地听见了这些议论，便告给了她的母亲。房氏于是让备车，谎称要到别的地方，却踏上了归家的路，而她的娘家还不知道。走了数十里，娘家方才发觉，她的兄弟们追上来，房氏只是哀叹，却不再回娘家去。她严守贞洁，竟是这般固执。

【原文】

　　荥阳张洪祁妻刘氏者，年十七夫亡。遗腹生一子，二岁又没。其舅姑年老，朝夕养奉，率礼无违。兄矜其少寡，欲夺嫁之。刘自誓不许，以终其身。

【译文】

　　荥阳张洪祁的妻子刘氏，十七岁的时候丈夫就死了。生了一个孩子二岁又夭折了。她的公婆年纪很大，她就朝夕侍奉，她一切按照礼法行事，从不违忤公婆。哥哥可怜她年轻守寡，想让她改嫁，可她发誓不再嫁人，以此而终老其身。

【原文】

陈留董景起妻张氏者，景起早亡，张时年十六，痛夫少丧，哀伤过礼，蔬食长斋。又无儿息，独守贞操，期以阖棺。乡曲高之，终见标异。

【译文】

陈留董景起的妻子张氏，丈夫死的时候，张氏才十六岁。她哀痛丈夫早死，悲伤过度，长时间只吃素食蔬菜。她又没有儿子，只自己独守贞操，等待着死的那一天。乡里的人都称赞她，她终于成全了自己的好名声。

【原文】

隋大理卿郑善果母崔氏，周末，善果父诚讨尉迟迥，力战死于阵。

母年二十而寡，父彦睦欲夺其志。母抱善果曰"妇人无再适男子之义。且郑君虽死，幸有此儿。弃儿为不慈，背夫为无礼，宁当割耳剪发，以明素心。违礼灭慈，非敢闻命。"遂不嫁，教养善果，至于成名。自初寡，便不御脂粉，常服大练，性又节俭，非祭祀宾客之事，酒肉不妄陈其前。静室端居，未尝辄出门间。内外姻戚有吉凶事，但厚加赠遗，皆不请其家。

【译文】

隋朝大理卿郑善果的母亲崔氏。周代末年，善果的父亲诚征讨尉迟迥战死。

她的母亲崔氏年仅二十岁就守了寡，父亲彦睦想让女儿改嫁，崔氏怀抱善果说:"妇人没有嫁两次的道理,况且我丈夫虽然死了,但还有这个孩子,丢弃儿子是不慈爱,背叛丈夫是不讲礼义,我本来应当割耳剪发,以表明我誓死不再改嫁的决心。违背礼义,灭绝慈爱,这些事我不敢做。"于是他不再改嫁,一心教育抚养儿子善果,终于使他长大成人。自从守寡,她便不施脂粉,穿家常衣服,她性情又节俭,如果不是祭祀和招待宾客,吃饭从不摆放酒肉。她每天在家静静地坐着,从没有出过门。娘家婆家的亲戚有红白喜事,她都多馈赠礼物,但从不亲自登门。

【原文】

韩觊妻于氏,父实,周大左辅。于氏年十四适于觊,虽生长膏腴,家门鼎贵,而动遵礼度,躬自俭约,宗党敬之。年十八,觊从军没,于氏哀毁骨立,恸感动路。每朝夕奠祭,皆手自捧持。及免丧,其父以其幼少无子,欲嫁之,誓不许。遂以夫孽子世隆为嗣,身自抚育,爱同己生,训导有方,卒能成立。自孀居以后,唯时或归宁。至于亲族之家,绝不往来。有尊亲就省谒者,送迎皆不出户庭。蔬食布衣,不听声乐,以此终身。隋文帝闻而嘉叹,下诏褒美,表其门闾,长安中号为"节妇闾"。

【译文】

韩觊的妻子于氏,她的父亲于实是周大左辅。于氏十四岁的时候就嫁给了韩觊,她虽然生长在富贵人家,但却知礼识节,懂得约束自己的行为,宗族和乡里的人都很敬重她。她十八岁的时候,韩觊当兵而死,于氏悲伤过度,骨瘦如柴,她的哀痛足以让路人感动。朝夕祭奠丈夫的时候,她都是亲自用手捧着供品。服丧期满后,她父亲可怜她年轻又没有孩子,想让她改嫁,但她坚决不答应。她将丈夫的庶子世隆当作自己的孩子来抚养,慈爱如同自己所生一样,而且教育有方,最终将这个孩子培养成人。自从守寡之后,每逢过时过节,她才回娘家看看父母,至于其他亲戚,她一概不与他们往来。有长辈和亲戚来看望她,她送迎都不出大门。吃粗茶淡饭,穿粗布衣服,从不听声乐,一直到死。隋文帝听说后,赞叹一番,并下诏褒奖她,旌表她所居住的里巷。在长安城中,这里被称为"节妇间"。

【原文】

周虢州司户王凝妻李氏,家青齐之间。凝卒于官,家素贫,一子尚幼。李氏携其子,负其遗骸以归。东过开封,止旅舍,主人见其妇人独携一子而疑之,不许其宿。李氏顾天已暮,不肯去。主人牵其臂而出之。李氏仰天恸曰:"我为妇人,不能守节,而此手为人执耶!不可以一手并污吾身。"即引斧自断其臂。路人见者,环聚而嗟之,或为之泣下。

开封尹闻之,白其事于朝官,为赐药封疮,恤李氏而笞其主人。若此,可谓能清洁矣。

【译文】

周虢州司户王凝的妻子李氏,家住在青齐之间。王凝死在官署,家里很贫穷,有一个孩子还很小。李氏带着孩子,去收拾丈夫的遗骨回家。路过开封的时候,她想找一个旅馆住下。主人看见她独自一人领着一个孩子,就有些怀疑她,不让她住宿。李氏看看天已经黑了,就不肯离去。主人抓住她的手臂将她拉了出去。李氏仰天痛哭道:"我作为妇人,却不能保守节操,这只手竟被别人抓过了,但我不能再让这只手来玷污我的全身。"于是她用斧子砍断了自己的手臂。过路的人都围过来看,而且为之嗟叹,有的还流下了泪。

开封府尹听说了这件事,便禀报了朝廷,并给李氏拿来药,为她包扎伤口。安抚李氏,鞭打旅馆的主人。像她这样,可以说是能够保持清白和贞洁了。

温公家范 卷九

妻下

女人不妒品自高

【原文】

《礼》,自天子至于命士,媵妾皆有数,惟庶人无之,谓之匹夫匹妇。是故《关雎》美后妃,乐得淑女以配君子,慕窈窕,思贤才,而无伤淫之心。至于《樛木》《螽斯》《桃夭》《芣苢》《小星》,皆美其无妒忌之行。文母十子,众妾百斯男,此周之所以兴也。诗人美之。然则妇人之美,无如不妒矣。

【译文】

在《礼记》里,从天子到有官位和爵位的人,纳妾的多少都是有规定的,唯独平民百姓没有规定,称为匹夫、匹妇。所以《诗经·关雎》赞美后妃,歌颂淑女许配君子。爱慕窈窕女子,思念有才德的男子,而没有讽刺淫荡的意思。至于《樛木》《螽斯》《桃夭》《芣苢》《小星》等篇,都是赞美没有嫉妒的行为。周文王的母亲生了十个儿子,至于众妾所生的儿子大概有上百人之多,这正是周所以兴旺发达的原因,所以诗人来赞美这件事。这样说来,妇人最大的美德就是不去嫉妒。

【原文】

晋赵衰从晋文公在狄,取狄女叔隗,生盾。文公返国,以女赵姬妻衰,生原同、屏括、楼婴。赵姬请逆盾与其母。衰辞而不敢。姬曰:"不可。得宠而忘旧,不义;好新而慢故,无恩;与人勤于隘陋,富贵而不顾,无礼。弃此三者,何以使人?必逆叔隗!"及盾来,姬以盾为才,固请于公,以为嫡子,而使其三子下之;以叔隗为内子,而己下之。

【译文】

晋国的赵衰跟随晋文公逃亡到狄国,娶了狄国的女子叔隗为妻。等到晋文公返回晋国后,就把自己的女儿赵姬嫁给了赵衰,并生了原同、屏括和楼婴。赵姬让赵衰把赵盾和他的母亲迎接到晋国来。赵衰没敢答应。赵姬说:"不应是错误的。得新宠而忘旧人,不是仁义之举;喜新而厌旧,没有恩情;与人共度艰难岁月,自己富贵之后就不去理她,不合礼法。丢了这三点,你还怎么去说服别人呢?所以你一定要将叔隗接来。"等到赵盾来了,赵姬认为赵盾很有才华,就坚决要求赵衰将赵盾立为嫡子,而将自己的三个儿子排在赵盾的后面。并以叔隗为赵衰的正妻,自己排在她的后边。

【原文】

楚庄王夫人樊姬曰:"妾幸得备扫除,十有一年矣,未尝不捐衣食,遣人之郑卫求美人而进之于王也。妾所进者九人,今贤于妾者二人,与妾同列者七人。妾知妨妾之爱、夺妾之贵也。妾岂不欲擅王之爱、夺王之宠哉?不敢以私蔽公也!"

【译文】

楚庄王夫人樊姬说:"我有幸侍奉大王,已经十一年了,这期间,我经常花费钱财派人到郑国和卫国搜求美人,进献给大王。我所进献的九人,其中比我贤惠的有二人,与我不相上下的有七人。我也知道这样做会妨碍大王对我的爱,会夺去我的尊贵。我难道不想让大王只宠爱我一个人吗?我只不过是不敢以私废公罢了。

【原文】

宋女宗者,鲍苏之妻也。既入,养姑甚谨。鲍苏去而仕于卫,三年而娶外妻焉。女宗之养姑愈谨,因往来者请问鲍苏不辍,赂遗外妻甚厚。女宗之姒谓女宗曰:"可以去矣。"女宗曰:"何故?"姒曰:"夫人既有所好,子何留乎?"女宗曰:"妇人之所宝,岂以专夫室之爱为善哉?若抗夫室之好,苟以自荣,则吾未知其善也。夫《礼》,天子妻妾十二,诸侯九,大夫三,士二。今吾夫固士也,其有二,不亦宜乎!且妇人有七去,七去之道,妒正为首。姒不教吾以居室之礼,而反使吾为见弃之行,将安用此?"遂不听,事姑愈谨。宋公闻而美之,表其闾,号曰"女宗"。

【译文】

宋国的女宗是鲍苏的妻子。结婚后,女宗侍奉婆婆非常谦恭谨慎。后来,鲍苏离开家到卫国去做官,三年之后他又在卫国娶了妻子。女宗得知后,不但没有嫉妒,反而赡养婆婆更加小心,只要有顺路的人,女宗就委托向鲍苏问好,而且还给鲍苏在卫国的妻子带去非常丰厚的礼品。鲍苏的一个妾对女宗说:"你应该离开鲍家了。"女宗问:"为什么?"妾说:"夫君既然另有新欢,你还留下干什么呢?"女宗说:"对于一个妇人来说,她所最宝贵的难道就是独自拥有丈夫的爱吗?如果只知道独霸丈夫,反对丈夫另添房室,从而求取自己的荣耀,我是没有看出其中的高尚来。《礼记》规定,天子可以有十二个妻妾,诸侯可以有九个,大夫可以有三个,士两个。我的丈夫本来就是士,他有两个妻子,不也是应该的吗?而且,妇人有七种被休掉的情况,在这七种被休掉的错误中,嫉妒丈夫的正妻是最大的。你不教给我为人之妻所应遵守的礼义,反让我做那些有可能被丈夫休掉的事情。我怎么能听你的话呢?"于是她不听这些,对待婆婆更加谨慎小心。宋公听到这件事后,夸赞她的品行,旌表其门第,尊称她为"女宗"。

【原文】

汉明德马皇后,伏波将军援之女也。年十三选入太子宫,接待同列,先人后己,由此见宠。及帝即位,常以皇嗣未广,每怀忧叹,荐达左右,若恐不及。后宫有进见者,每加慰纳。若数所宠引,辄增隆遇,未几立为皇后。是知妇人不妒,则益为君子所贤。欲专宠自私,则愈疏矣!由其识虑有远近故也。

【译文】

汉代明德马皇后是伏波将军马援的女儿,她十三岁的时候就被选入太子宫,对待其他嫔妃,能够先人后己,因此她得到了太子的宠爱。太子即位后,她为皇家子弟不多而常常发愁,于是她为皇帝引荐嫔妃,惟恐皇帝不喜欢她们。如果后宫嫔妃有要求主动觐见皇上的,她都为之引见。如果有谁被皇帝数次宠幸,待遇马上就提高了。正因为这样,她不久就被立为皇后。由此知道女人如果没有妒忌心,就容易博得君子的好感。相反,越想独霸男人,越是容易被疏远。做得好坏,这与她们有没有见识有关。

【原文】

后唐太祖正室刘氏,代北人也。其次妃曹氏,太原人也。太祖封晋王,刘氏封秦国夫人,无子,性贤,不妒忌,常为太祖言:"曹氏相,当生贵子,宜善待之。"而曹氏亦自谦退,因相得甚欢。曹氏封晋国夫人,后生子,是谓庄宗。太祖奇之。及庄宗即位,册尊曹氏为皇太后,而以嫡母刘氏为皇太妃。太妃往谢太后,太后有惭色。太妃曰:"愿吾儿享国无穷,使吾曹获没于地,以从先君,幸矣!他复何言?"庄宗灭梁入洛,使人迎太后归洛,居长寿宫。太妃恋陵庙,独留晋阳。太妃与太后甚相爱,其送太后往洛,涕泣而别,归而相思慕,遂成疾。太后闻之,欲驰至晋阳视疾;及其卒也,又欲自往葬之。庄宗泣谏,群臣交章请留,乃止。而太后自太妃卒,悲哀不饮食,逾月亦崩。庄宗以妾母加于嫡母,刘后犹不愠,况以妾事女君如礼者乎!若此,可谓能不妒矣。

【译文】

后唐太祖的正室刘氏,是代北人。太祖的次妃曹氏是太原人。太祖被封为晋王的时候,刘氏被封为秦国夫人,她没有生孩子,但很贤惠,不嫉妒,并经常对太祖说:"我给曹氏相面,她一定会生下贵子的,应该善待她。"然而,曹氏也常常谦让退避,所以她们俩相处得非常好。曹氏被封为晋国夫人,后来生了儿子,正是庄宗。太祖想起先前刘氏所说的话,感到这件事很神奇。等到庄宗即位的时候,册封曹氏为皇太后,而封嫡母刘氏为皇太妃。太妃去向太后道谢,太后觉得很惭愧。太妃说:"愿我们的孩子永保江山,能够让我们平安地活到老,然后在地下与先君相会,这才是最大的幸运,我们还有什么可说的呢?"后来庄宗灭了梁,进入洛,便派人迎接太后归洛,居住在长寿宫。太妃由于留恋皇陵宗庙,独自留在了晋阳。太妃和太后感情非常好,太妃送太后赴洛的时候,洒泪而别。回去后仍思念太后,竟郁闷成疾。太后得知后,很想亲自到晋阳去看她;太妃去世,太后又想亲自去安葬太妃。因为庄宗哭着劝谏,大臣们也一再挽留,太后才只好作罢。然而,自从太妃去世,太后也因悲痛而不吃饭,只过了一个多月,也去世了。庄宗将妾母排在嫡母的前面,刘后仍然不恼怒,何况妾侍奉正妻本来就是合乎礼法的呢!像刘氏这样的,可以称得上没有嫉妒之心。

【原文】

《葛覃》美后妃恭俭节用,服浣濯之衣。然则妇人固以俭约为美,不以侈丽为美也。

【译文】

《葛覃》赞扬后妃勤俭节约,说她们穿着已经洗过几次的衣服。这样说来,作为妇人应以勤俭节约为美德,而不能以奢侈华丽为美。

【原文】

汉明德马皇后,常衣大练,裙不加缘。朔望,诸姬主朝请,望见后袍衣疏粗,反以为绮,就视乃笑。后辞曰:"此缯特宜染色,故用之耳。"六宫莫不叹息。性不喜出入游观,未尝临御窗牖,又不好音乐。上时幸苑囿离宫,希尝从行。彼天子之后犹如是,况臣民之妻乎?

【译文】

东汉明德马皇后经常穿着粗帛衣服,裙子也不加边饰。每月初一和十五,举行朝谒之礼,有一次妃嫔们看见马皇后的衣服粗疏,还以为是上等的丝织品,她们来到跟前一看,不禁相视而笑。马皇后遮掩道:"这种缯特别容易染色,所以我才穿它。"妃嫔们看见她如此朴素,无不感叹。马皇后不喜欢外出游玩观光,从来不到窗前观望外面,也不喜好音乐。皇上经常巡幸行宫苑囿,皇后很少随行。她身为皇后,还如此俭朴简约,而况一般平民百姓的妻子呢?

【原文】

汉鲍宣妻桓氏,归侍御服饰,著短布裳,挽鹿车。

梁鸿妻屏绮缟,著布衣、麻履,操缉绩之具。

【译文】

汉代鲍宣的妻子桓氏,将侍御妇人的服饰放起来,改穿布衣短服,亲自拉小车干活。

梁鸿的妻子把丝绸衣服藏起来,穿布衣麻鞋,亲自纺纱织布。

【原文】

唐岐阳公主适殿中少监杜悰,谋曰:"上所赐奴婢,卒不肯穷屈。"

奏请纳之。上嘉叹,许可。因锡其直,悉自市寒贱可制指者。自是闭门,落然不闻人声。悰为澧州刺史,主后悰行。郡县闻主且至,杀牛羊犬马,数百人供具。主至,从者不过二十人、六七婢,乘驴阌茸,约所至不得肉食。驿吏立门外,舁饭食以返。不数日间,闻于京师,众哗,说以为异事。悰在澧州三年,主自始入后三年间,不识刺史厅屏。彼天子之女犹如是,况寒族乎?若此,可谓能节俭矣。

【译文】

唐代岐阳公主嫁给殿中少监杜悰为妻,公主和丈夫商量说:"皇上赐给我们的奴婢,最终还是过不惯贫穷的生活。"

于是他们奏请皇上不要奴婢。皇上大为赞叹,同意了公主的意见,赏赐给她一些银钱,公主用这些银钱买了些出身卑贱又易于指使的人做佣人。从此以后公主闭门不出,家里和和睦睦,安安静静。杜悰担任澧州刺史,公主跟随前往。郡、县官吏听说公主要来,杀牛、羊、狗、马,有数百人忙碌,准备招待公主。但公主到后,随从的人不过二十个,奴婢只有六七个,乘坐的驴子很瘦弱,公主还规定所到地方不得摆设酒宴肉食。只见驿站官吏站在门外,抬来一些简单的饭菜就回去了。没过几天,她的事迹传到京城,议论纷纷,人们都把这件事当作一件少有的奇事来传扬。杜悰在澧州任职三年,公主在这三年间从未到过他的官府,始终没见过刺史衙门里边是什么样子的。她是皇帝的女儿尚且能如此俭朴简约,而况一般的百姓呢?像这样的妻子,可以算得上节俭了。

【原文】

古之贤妇未有不恭其夫者也,曹大家《女戒》曰:"得意一人,是谓永毕;失意一人,是谓永讫。"由斯言之,夫不可不求其心。然所求者,亦非谓佞媚苟亲也。固莫若专心正色,礼义贞洁耳。耳无途听,目无邪视,出无冶容,入无废饰,无聚群辈,无看视门户,此则谓专心正色矣。若夫动静轻脱,视听陕输,入则乱发坏形,出则窈窕作态,说所不当道,观所不当视,此谓不能专心正色矣。是以冀缺之妻馌其夫,相待如宾;梁鸿之妻馈其夫,举案齐眉。若此,可谓能恭谨矣。

【译文】

古代的贤妇对待丈夫无不恭恭敬敬。曹大家的《女戒》说:"得到丈夫的喜爱,妻子就可以终生有靠,失去丈夫的欢爱,妻子就一切都完了。"由此可见,为人妻子一定要得到丈夫的真心疼爱。然而要想得到丈夫的欢心,并不是去谄媚奉承,而是要专心正色严肃认真,坚守礼义贞洁。即不道听途说,目不斜视,外出不妖艳打扮,在家不懒于妆饰,不三五成群聚会闲聊,不到门口去张望,能做到这些,就称得上是专心正色严肃认真了。如果是举止轻佻、视听不定,在家披头散发,出门卖弄风骚,说些不该说的话,看些不该看的事,这就是不能专心正色严肃认真。所以冀缺的妻子到田间给丈夫送饭,能够相敬如宾;梁鸿的妻子给丈夫端上饭菜,能够举案齐眉。像这样的妻子,就算得上恭敬谨慎了。

【原文】

《易》:"'家人',六二,无攸遂,在中馈。"《诗·葛覃》美后妃,在父母家,志在女功,为绨绤,服劳辱之事。《采苹》《采蘩》,美夫人能奉祭祀。彼后夫人犹如是,况臣民之妻,可以端居终日,自安逸乎?

【译文】

《周易》说:"'家人'卦,处于二位的阴爻表现的是,妻子在家虽没有专断的权力,但是要管理好家务。"《诗经·葛覃》赞扬后妃,说她们在父母家里从事女工,纺纱织布,还参加体力劳动。《采苹》《采蘩》称赞夫人能进行祭祀活动。那些后妃、夫人尚且能如此勤劳,何况一般百姓的妻子呢?难道可以端坐终日、享受安逸吗?

【原文】

大夫公父文伯退朝,朝其母。其母方绩,文伯曰:"以歜之家而主犹绩乎?惧干季孙之怒也,其以歜为不能事主乎!"母叹曰"鲁其亡乎!使僮子备官而未之闻耶?王后亲织玄紞,公侯之夫人加之以纮綖。

卿之内子为大带,命妇成祭服,列士之妻加之以朝衣,自庶士以下皆衣其夫。社而赋事,烝而献功,男女效绩,愆则有辟,古之制也。今我寡也,尔又在下位,朝夕处事,犹恐忘先人之业,况有怠惰,其何以避辟!吾冀而朝夕修我曰:必无废先人。尔今曰:胡不自安?以是承君之官,余惧穆伯之绝嗣也。"

【译文】

鲁国的大夫公父文伯退朝后,去拜见母亲。母亲正在织布,文伯说:"像我们这样富有的人家,其主人还用得着亲自纺织吗?您这样做会让季孙不高兴的,人家会说我们这样富有还不能安心侍奉国君?"母亲听了他的话,叹了口气说:"鲁国难道要灭亡了吗?但你难道不知道鲁国使童子备官吗?王后要亲自做帽子上的装饰物玄紞,公侯的夫人再为它加上纮綖。

卿的妻子要制作缁带,大夫的妻子要做祭服,元士的妻子要制作朝服,从下士到一般百姓,都要做衣服给丈夫穿。春天秋天祭祀土神的时候,人人都要忙碌,冬天祭祀的时候,也要有所贡献。不论男女,都要为国效劳,延误时间或做错事,都要受到处罚,这是古代就有的制度。现在我守了寡,你又仅是个大夫,我们兢兢业业,还怕不能承继先人之志,如果再懈怠懒惰,怎能辞其咎?我希望把一切都做好,并且时时警诫自己说:'一定要对得起先人。你现在却说:'为什么要这么辛苦?你以这样的认识和态度继承你父亲的官爵,我担心你父亲穆伯没有好的继承人了。"

【原文】

汉明德马皇后,自为衣裌,手皆裂。皇后犹尔,况他人乎?曹大家《女戒》曰:"晚寝早作,勿惮夙夜,执务私事,不辞剧易。所作必成,手迹整理,是谓勤也。"若此,可谓能勤劳矣。

【译文】

汉代明德马皇后,自己制做衣服,手都冻裂了。皇后都能这样勤劳,何况一般人呢?曹大家《女戒》说:"做为人的妻子,晚睡早起,不分昼夜,处理家事,不挑拣难易。所作必成,亲手来整理,这就为勤劳。"像这样,可以说是能勤劳了。

【原文】

为人妻者,非徒备此六德而已。又当辅佐君子,成其令名。是以《卷耳》求贤审官,《殷其雷》劝以义,《汝坟》勉之以正,《鸡鸣》警戒相成,此皆内助之功也,自涂山至于太姒,其徽风著于经典,无以尚之。周宣王姜后,齐女也。宣王尝晏起,后脱簪珥,待罪永巷,使其傅母通言于王曰:"妾之淫心见矣,至使君王失礼而晏朝,以见君王乐色而忘德也,敢请婢子之罪。"王曰:

"寡人不德,实自生过,非后之罪也。"遂复姜后而勤于政事,早朝晏退,卒成中兴之名。故《鸡鸣》乐击鼓以告旦,后夫人必鸣珮而去君所,礼也。

【译文】

不过,为人之妻,并非只需要具备以上六种品德就可以了,妻子还应当辅佐丈夫,让他功成名就。所以《卷耳》求贤审官,《殷其雷》用义来劝诫丈夫,《汝坟》勉励丈夫做人要正直,《鸡鸣》警戒相成,这些都是贤内助的功劳。从涂山到太姒,她们的功绩载入史籍,无人能比。周宣王姜后是个齐国女子,宣王有一次起床晚了,姜后就取下金簪珥环,待罪于后宫,派她的保姆传话给宣王说:"因为我显露淫心,使得君王失礼晚朝,出现了好色忘德的过失,请求君王惩罚我吧。"宣王说:"寡人无德,确是自己有错,并非皇后的过错。"宣王不治姜后的罪,自己从此勤于政事,早上朝晚退朝,终于成就了中兴国家的美名。所以《鸡鸣》很高兴宣示天亮的鼓声。皇后、夫人必须带着鸣珮去国君的住所,这是古礼。

【原文】

齐桓公好淫乐,卫姬为之不听。

楚庄王初即位,狩猎毕弋,樊姬谏,不止,乃不食鸟兽之肉。三年,王勤于政事不倦。

【译文】

齐桓公喜好淫乐,卫姬坚持按礼法办事。

楚庄王刚即位的时候,非常喜欢打猎,樊姬劝谏,他不听,于是樊姬就不再吃鸟兽的肉,用这种方法来劝谏。三年之后,楚庄王终于能够勤于政事,而且不知疲倦。

【原文】

晋文公避骊姬之难,适齐。齐桓公妻之,有马二十乘,公子安之。

从者以为不可,将行,谋于桑下,蚕妾在其上,以告姜氏。姜氏杀之,而谓公子曰:"子有四方之志? 其闻之者,吾杀之矣!"公子曰:"无之。"姜曰:"行也,怀与安,实败名。公子不可。"善与子犯谋,醉而遣之,卒成霸功。

【译文】

晋文公避骊姬之难,到了齐国。齐桓公把姜氏嫁给他为妻,并给他二十乘车马作为嫁妆。晋文公居然安享富贵,不打算复国了。

但跟随他的那些人认为不能就这样消沉下去,暗暗打算要离开这里,他们谋于桑下,蚕妾在旁边听到了,就告给了姜氏。姜氏杀掉蚕妾,然后对晋文公说:"你们有远大的志向,将要离开这里? 窃听到你们的机密的人我已经把她杀死了。"晋文公说:"没有这回事。"姜氏说:"你们还是赶快走吧,不舍儿女私情,贪图安逸,会毁掉你的大事的。"晋文公还是不愿放弃安逸的生活,姜氏便与子犯合谋,用酒将他灌醉,然后把他扶上车子拉走。就这样晋文公最后终于得以回国即位,并且成就了一代霸主的功业。

【原文】

陶大夫答子治陶,名誉不兴,家富三倍。妻数谏之,答子不用。居五年,从车百乘归休,宗人击牛而贺之,其妻独抱儿而泣。姑怒而数之曰:"吾子治陶五年,从车百乘归休,宗人击牛而贺之。妇独抱儿而泣,何其不祥也!"妇曰:"夫人能薄而官大,是谓婴害;无功而家昌,是谓积殃。昔令尹子文之治国也,家贫而国富,君敬之,民戴之,故福结于子孙,名垂于后世。今夫子则不然,贪富务大,不顾后害,逢祸必矣! 愿与少子俱脱。"姑怒,遂弃之。处期年,答子之家果以盗诛,唯其母以老免,妇乃与少子归,养始终卒天年。

【译文】

陶大夫答子治理陶地的时候,没有好的名声,家里却非常富裕。妻子几次劝谏他,他不听。过了五年,他带着车马百乘回家休息,本宗族的人杀牛为他庆贺。唯独他的妻子抱着孩儿在一边哭泣。婆婆愤怒地责备她说:"我儿治理陶地五年,带着车马百乘归来休息,族中人杀牛为他庆贺,你却抱着孩子哭泣,多么不吉祥呀!"儿媳妇说:"一个人没有能力却做了大官,就会招来灾祸;做官没有政绩而家里富裕,可以说是在积累祸患。先前令尹子文治理国家,家中贫穷,而国家富裕,皇帝敬重他,百姓爱戴他,因此福遗子孙,名留后世。如今我的丈夫却不是这样,贪求富贵喜好虚名,而不顾后患,必定要招来祸患。我愿与孩子一起离去。"婆婆大怒,将儿媳赶出家门。一年之后,果然因为答子贪污财物,全家人被杀,唯独答子的母亲因为年老免于一死。这时,答子的妻子带着小孩回家赡养婆婆,为婆婆养老送终。

【原文】

楚王闻于陵子终贤,欲以为相。使使者持金百镒,往聘迎之。于陵子终入谓其妻曰:"楚王欲以我为相,我今日为相,明日结驷连骑,食方丈于前,子意可乎?"妻曰"夫子织屦以为食,业本辱而无忧者,何也?非与物无治乎,左琴右书,乐在其中矣!夫结驷连骑,所安不过容膝;食方丈于前,所饱不过一肉。以容膝之安、一肉之味而怀楚国之忧,其可乎?乱世多害,吾恐先生之不保命也。"于是,子终出谢使者而不许也。遂相与逃而为人灌园。

【译文】

楚王听说于陵子终很有才德,就想委任他为宰相。楚王派使者带着百镒黄金去聘请于陵子终。于陵子终回家对妻子说:"楚王想让我担任宰相,我今天当了宰相,明天就座着豪华的车子,前呼后拥,顿顿吃丰盛的宴席,你认为这样可以吗？"妻子说："你现在以编织鞋为生，职业虽然不怎么样，但是无忧无虑，这是为什么呢？就是因为你远离是非财货，读书弹琴，自得其乐。一个人，即便拥有再多的车马，容身也只不过需要很小的一块地方；宴席再丰盛，也只不过吃一点肉就饱了。你为得到一点安身之地和一顿饭的好处，竟要负担整个楚国的忧患和烦恼，值得吗？而且乱世多祸，你如果要接受任命，我害怕你连命都保不住。"于是，于陵子终出来谢绝了楚王的使者，没有接受聘任。他们一起出逃，以为别人种菜园为生。

【原文】

汉明德马皇后，数规谏明帝，辞意款备。时楚狱连年不断，囚相证引，坐系者甚众。后虑其多滥，乘间言及，帝恻然感悟，夜起彷徨，为思所纳，卒多有降宥。时诸将奏事及公卿较议难平者，帝数以试后。后辄分解趣理，各得其情。每于侍执之际，辄言及政事，多所毗补，而未尝以家私干。

【译文】

汉代明德马皇后，屡次规谏明帝，言辞恳切，思考周到。当时，冤狱连年不断，囚犯们相互牵连，受到法律惩罚的人非常多。马皇后担心用刑过多过滥，便找机会向明帝提起这件事，皇上也感到这件事很重要，并对那些遭受冤狱的人动了恻隐之心。他晚上睡不着觉，起来散步，思考马皇后的建议并加以采纳，最终有许多被冤枉或犯罪较轻的人得到了赦免。当时，将领们所奏的事和公卿们的一些议论有难以决断的，明帝就每每让马皇后来决断，以此来考察她处理事情的能力。马皇后每次都能合情合理地分析和处理。她常常利用侍奉明帝的机会，来谈她对国家大事的看法，对国事处理提出许多有用的意见。然而她从来没有因为家里的私事来干预皇上。

【原文】

河南乐羊子尝行路，得遗金一饼，还，以与妻。妻曰："妾闻志士不饮盗泉之水，廉者不受嗟来之食，况拾遗求利，不污其行乎？"羊子大惭，乃捐金于野，而远寻师学。一年来归，妻跪问其故。羊子曰："久行怀思，无它异也。"妻乃引刀趁机而言曰："此织生自蚕茧，成于机杼，一丝而累，以至于寸，累寸不已，遂成丈匹。今若断斯织也，则绢失成功，稽废时月。夫子积学，当日知其所亡，以就懿德。若中道而归，何异断斯织乎？"羊子感其言，复还终业，遂七年不反。妻常躬勤养姑，又远馈羊子。

【译文】

河南乐羊子有一次在路上行走拾到一饼金子，回家将金子交给妻子。妻子说："我听说有志气的人不喝盗泉之水，有骨气的人不吃嗟来之食，何况你靠拣东西求利，难道不怕玷污了你的品行吗？"羊子非常惭愧，就把金子扔到了野外，然后到很远的地方去拜师求学。一年之后羊子回来，妻子跪着问他为何要回来。羊子说："我出去久了，有些想家，并没有别的原因。"妻子就拿了把刀走到织机前，对羊子说："剥茧抽丝，机杼织布，一根根丝线织成一寸一寸的布，慢慢积累，就成了一丈布、一匹布。如果现在将它砍断，不但这匹绢织不成功，而且还荒废了时间。你去求学，也是在积累知识，应当每天了解你所不懂的新的知识，以修成懿德美行。如果中途辍学回家，其结果与砍断这匹布有何不同？"羊子听了妻子的话非常感动，又回去继续学习，此后七年没有再回家。妻子在家辛勤劳动，赡养婆婆，还要供给羊子求学所需的钱物。

【原文】

吴许升少为博徒，不治操行。妻吕荣尝躬勤家业，以奉养其姑。数劝升修学，每有不善，辄流涕进规。荣父积忿疾升，乃呼荣，欲改嫁之。荣叹曰："命之所遭，义无离二。"终不肯归。升感激自励，乃寻师远学，遂以成名。

【译文】

吴国许升年轻的时候是个赌徒,不注意节操品行。他的妻子吕荣辛勤操持家业,侍奉婆婆。妻子多次劝告许升读书学习,每当许升有不好的行为时,她就泪流满面地规劝。吕荣的父亲非常痛恨许升,他要将吕荣叫回家,想让她改嫁。吕荣叹息道:"命中既然给我安排了这样的丈夫,我必须忠贞如一,不再改嫁。"吕荣始终不肯回家。许升非常感激,从此奋发向上,外出拜师求学,后来一举成名。

【原文】

唐文德长孙皇后崩,太宗谓近臣曰:"后在宫中,每能规谏,今不复闻善言,内失一良佐,以此令人哀耳!"此皆以道辅佐君子者也。

【译文】

唐朝文德长孙皇后去世,太宗对近臣说:"皇后在宫中的时候,常常规劝我,现在我再听不到她的良言,在内失去了一个很好的助手,这让我很觉悲哀。"以上这些事例都是为人之妻能够用道义来辅佐丈夫成就事业的典范。

【原文】

汉长安大昌里人妻,其夫有仇人,欲报其夫而无道径。闻其妻之孝有义,乃劫其妻之父,使要其女为中,谲父呼其女告之。女计念,不听之,则杀父,不孝;听之,则杀夫,不义。不孝不义,虽生不可以行于世。欲以身当之,乃且许诺曰:"旦日在楼新沐,东首卧则是矣!妾请开牖户待之。"还其家,乃谲其夫,使卧他所。因自沐,居楼上东首,开牖户而卧。夜半,仇家果至,断头持去,明而视之,乃其妻首也。仇人哀痛之,以为有义,遂释,不杀其夫。

【译文】

　　汉朝长安大昌里某人的妻子,她的丈夫有个仇人,那个仇人想报复她的丈夫却没有办法。仇人听说她非常孝敬父母,就劫持了她的父亲,以此来要挟她共同害她丈夫,并且假托她父亲,要她说出丈夫在哪里。她想,不听仇人的话,父亲就要被杀,这是不孝顺;如果顺从仇人,丈夫就会被杀,这是没有仁义。既不孝顺又不仁义,虽然活着也没脸见他人了。最后她决定自己替丈夫去死,于是就许诺那个仇人说:"明天我们在楼上沐浴,头朝东而睡的就是我丈夫,我打开窗户等你。"回到家,她就骗她丈夫,让他睡到别的地方。她自己洗了澡,在楼上头朝东而睡,而且打开了窗户。半夜,仇人果然来了,砍下她的头拿走,等到天亮一看,原来是仇人的妻子的头。仇人非常哀痛,认为这个女人很讲情义,就放过了她的丈夫。

温公家范 卷十

舅甥

嘴里含饭,救活外甥

【原文】

秦康公之母,晋献公之女。文公遭骊姬之难,未反而秦姬卒。穆公纳文公。康公时为太子,赠送文公于渭之阳,念母之不见也,曰:"我见舅氏,如母存焉!"故作渭阳之诗。

【译文】

秦康公的母亲是晋献公的女儿。文公遭遇骊姬之难,尚未回国,秦姬就死了。穆公收留了文公。当时康公为太子,把舅舅文公送到渭阳,他想到母亲已死,就说:"我见到了舅舅,就好像看见了我的母亲一样。"因此还写了渭阳之诗。

【原文】

汉魏郡霍谞,有人诬谮舅宋光于大将军梁商者,以为妄刊文章,坐系洛阳诏狱,掠考困极。谞时年十五,奏记于商,为光讼冤,辞理明切。商高谞才志,即为奏,原先罪,由是显名。

【译文】

东汉魏郡有个人叫霍谞。有人在大将军梁商那里诬告霍谞的舅舅宋光。宋光以乱写文章罪,被关进洛阳监狱,在严刑拷打之下,困苦不堪。当时霍谞年仅十五岁,就上书梁商,为舅舅喊冤,言辞意思明白恳切。梁商器重霍谞有才能、有志气,便为宋光向上边说好话,宽恕了他的罪过。霍谞因此而出了名。

【原文】

晋司空郄鉴,颊边贮饭以活外甥周翼。鉴薨,翼为剡令,解职而归,席苦心丧三年。此皆舅甥之有恩者也。

【译文】

晋司空郄鉴在饥荒年月靠嘴里含一口饭救活了外甥周翼。郄鉴去世后,周翼正担任剡县县令,他辞职回家,为舅舅服丧三年。以上这些都是舅甥之间有恩情的典范。

舅姑孝顺公婆如父母

【原文】

晏子称:"姑慈而从,妇听而婉,礼之善物也。"

【译文】

晏子说:"婆婆慈祥而有威信,媳妇听话而又温婉,是礼法中最好的表现。"

【原文】

《礼》:"子妇有勤劳之事,虽甚爱之,姑纵之而宁数休之。子妇未孝未敬,勿庸疾怨,姑教之。若不可教,而后怒之;不可怒,子放妇出而不表礼焉。"

【译文】

《礼记》说:"婆婆虽然疼爱儿媳,但还是要让她去辛勤劳作,不能舍不得让她干活,实在不得已,可以让她在干活时多休息几次,不要累坏了身体就可以了。儿媳妇不孝敬公婆,公婆不要生气,也不要怨恨,先教育她。如果教育不听,然后再训斥她。训斥也不起作用,就让儿子休掉她,但不表明她的失礼。

【原文】

季康子问于公父文伯之母曰:"主亦有以语肥也?"对曰:"吾闻之先姑曰:君子能劳,后世有继。子夏闻之,曰:善哉!商闻之曰:古之嫁者,不及舅姑,谓之不幸。夫妇,学于舅姑者,礼也。"

【译文】

季康子问公父文伯的母亲:"您有话要告诉我吗?"回答说:"我听我婆婆说:君子如果能任劳任怨,子孙后代就会兴旺发达。子夏听后说:对啊!商曾听说:古代女子出嫁,如果没有公婆,就是不幸。所以,儿媳妇必须向公婆学习做人的道理,这是礼法所规定的。"

【原文】

唐礼部尚书王珪子敬直,尚南平公主。礼有妇见舅姑之仪,自近代,公主出降,此礼皆废。珪曰:"今主上钦明,动循法制,吾受公主谒见,岂为身荣,所以成国家之美耳!"遂与其妻就席而坐,令公主亲执笲,行盥馈之道,礼成而退。是后,公主下降,有舅姑者,皆备妇礼,自珪始也。

【译文】

唐代礼部尚书王珪的儿子王敬直娶南平公主为妻。从前礼法中本有媳妇拜见公婆的仪式,可是到了后来,公主出嫁后拜见公婆的礼节就废止了。王敬直与南平公主结婚时,王珪说:"如今皇上英明,所有的事都依据法律,我接受公主的拜谒,并不是为了自己的虚荣,而是要成全国家的美德。"于是王珪就与妻子坐在首席上,让公主亲自拿着笲,履行盥洗和献饭等拜见公婆的仪式,公主行礼完毕后才退下。此后,公主出嫁,只要公婆健在,就要行拜见公婆的礼仪,这个礼仪的施行始于王珪。

妇

不与公婆辩曲直

【原文】

《内则》:妇事舅姑,与子事父母略同。

舅没则姑老,冢妇所祭祀宾客,每事必请于姑,介妇请于冢妇。舅姑使冢妇,毋怠、不友、无礼于介妇。舅姑若使介妇,无敢敌耦于冢妇,不敢并行,不敢并命,不敢并坐。

凡妇不命适私室,不敢退。妇将有事,大小必请于舅姑。子妇无私货,无私蓄,无私器,不敢私假,不敢私与。妇或赐之饮食、衣服、布帛、佩帨、芷兰,则受而献诸舅姑。舅姑受之则喜,如新受赐。若反赐之,则辞。不得命,如更受赐,藏以待乏。妇若有私亲兄弟,将与之,则必复请其故,赐而后与之。

【译文】

《内则》说:媳妇侍奉公婆,跟儿子侍奉父母基本相同。

公公死后,婆婆老了之后,婆婆不再管理家事。接管家政的长子媳妇,不论是举行祭祀,还是招待宾客,大小事情都要向婆婆请示,介妇又要向长子媳妇请示。公婆教育长子媳妇不能怠慢介妇,不能对介妇无礼、不友好。公婆指使介妇,介妇更不能骄傲,不可跟长子媳妇相比,不敢并排一起走,不敢和她一样向别人发号施令,也不能和她坐在一起。

婆婆未叫媳妇回房,媳妇就不敢回房休息。媳妇若有私事,不论事情大小,都要报告公婆。媳妇不能有自己的钱财、积蓄、器物,不能向他人借东西,也不能私自送给别人东西。有人送给媳妇饮食、衣服、布帛、佩帨、芷兰等东西,媳妇接受后就要交给公婆。公婆得到后很高兴,如同自己得到了馈赠一样。如果公婆将那些东西再送给媳妇,媳妇就要拒绝接受。实在推辞不掉,就要像重新接受公婆赐物一样,将它收藏起来,留待缺乏时再拿出来用。媳妇如果有亲戚、兄弟,想把这些礼物送给亲戚、兄弟,一定要重新请示公婆,公婆再次赏赐自己之后,才能去送。

【原文】

曹大家《女戒》曰:舅姑之意岂可失哉? 固莫尚于曲从矣! 姑云不尔而是,固宜从命;姑云尔而非,犹宜顺命。勿得违戾是非,争分曲直,此则所谓

温公家范

曲从矣。故《女宪》曰："妇如影响,焉不可赏?"

【译文】

曹大家《女戒》说："公婆的意愿怎么能够违拗呢?所以最好的办法就是去屈从!婆婆说不要这样,说对了,本当听从;婆婆说这样,但说错了,也应当听从。不要和公婆争辩是非曲直,只能一味地顺从,这就是所谓的"曲从"。所以《女宪》说："媳妇如果能够顺从公婆,怎么不可以奖赏她呢?"

【原文】

汉广汉姜诗妻,同郡庞盛之女也。诗事母至孝,妻奉顺尤笃,母好饮江水,去舍六七里,妻常沂流而汲。后值风,不时得还,母渴,诗责而遣之。妻乃寄止邻舍,昼夜纺绩,市珍羞,使邻母以意自遗其姑。如是者久之。姑怪问邻母,邻母具对。姑感惭呼还,恩养愈谨。其子后因远汲溺死,妻恐姑哀伤,不敢言,而托以行学不在。

【译文】

东汉时广汉人姜诗的妻子,是同郡庞盛的女儿。姜诗侍奉母亲非常孝顺,妻子侍奉婆婆尤其温顺。姜母喜欢喝江水,但那条江离家有六七里远,姜诗妻子常常去打江水。有一次姜妻去打水,遇到大风,没有按时回来。姜母口渴,姜诗责备妻子并将她赶出家门。姜妻便寄居附近的一户人家家里,昼夜纺纱织布,用挣来的钱购买珍贵的食物,让邻居老太太以自己的名义送给婆婆。这样持续了很长时间,婆婆感到奇怪,就询问邻居老太太到底怎么回事,邻居老太太如实相告。婆婆听后非常感动,而且觉得有些对不住她,就将姜妻接回了家。姜妻赡养婆婆更加恭谨。她的儿子因为到远处打水被水淹死,姜妻担心婆婆为此哀伤,就不敢说出真情,谎称他到外边求学去了。

【原文】

河南乐羊子,从学七年不反,妻常躬勤养姑。尝有它舍鸡谬入园中,姑盗杀而食之。妻对鸡不餐而泣。姑怪,问其故。妻曰:"自伤居贫,使食它肉。"姑竟弃之。然则舅姑有过,妇亦可几谏也。

【译文】

河南的乐羊子,到外边求学,七年不回家,妻子在家辛勤地赡养婆婆。有一次别人家的一只鸡误入她家的园中,婆婆悄悄将它杀掉炖了吃。乐羊子的妻子不吃鸡肉,反而哭泣。婆婆感到奇怪,问她为什么。她说:"我自惭家里贫穷,让您吃他人的鸡肉。"婆婆听后就将鸡丢弃了。如此说来,公婆如果有过错,媳妇也可以劝谏。

【原文】

后魏乐部郎胡长命妻张氏,事姑王氏甚谨。太安中,京师禁酒,张以姑老且患,私为酝之,为有司所纠。王氏诣曹,自首由己私酿。张氏曰:"姑老抱患,张主家事,姑不知酿。"主司不知所处。平原王陆丽以状奏,文成义而赦之。

【译文】

后魏乐部郎胡长命的妻子张氏,侍奉婆婆王氏非常恭谨。太安年间,京师规定不准卖酒。张氏因为婆婆上年纪了,而且有病,就悄悄在家里为婆婆酿酒,结果被官府抓获。婆婆王氏亲自到官府,说酒是她自己酿的,与媳妇没关系。可媳妇张氏却说:"我婆婆年老有病,是我主持家事,婆婆根本就不知道这件事。"断案的人竟不知该怎么处置。平原王陆丽将这件事写成奏章上奏,文成为她们婆媳之间的恩义之举所感动,就赦免了她们。

【原文】

唐郑义宗妻卢氏,略涉书史,事舅姑甚得妇道。尝夜有强盗数十人,持杖鼓噪,逾垣而入。家人悉奔窜,唯有姑独在堂。卢冒白刃,往至姑侧,为贼捶击,几至于死。贼去后,家人问,何独不惧?卢氏曰:"人所以异禽兽者,以其有仁义也。邻里有急,尚相赴救,况在于姑而可委弃?若万一危祸,岂宜独生!"其姑每云:"古人称,岁寒然后知松柏之后凋也,吾今乃知卢新妇之心矣!"若卢氏者,可谓能知义矣。

【译文】

唐代郑义宗的妻子卢氏,略通书史,她侍奉公婆,很符合妇道。有一天黑夜,几十名强盗手持棍棒,喊叫着翻墙而入。家里人都逃走了,只有婆婆一人在厅堂。卢氏冒着强盗的刀剑,跑到婆婆身边,差点被贼寇打死。强盗退走,家人问卢氏为什么不怕?卢氏回答说:"人之所以不同于禽兽,是因为人懂得仁义道德。邻居家如果有危急情况,尚且能相救,况且是自己的婆婆,怎么能丢下不管呢?如果她遭了什么祸患,我有何脸面活下去呢?"她的婆婆常称赞说:"古人说岁寒然后知松柏后凋,我现在知道媳妇卢氏对我的孝心了!"像卢氏这样的媳妇,可以称得上是知道礼义了。

【原文】

《诗》:"何彼秾矣,美王姬也。虽则王姬,亦下嫁于诸侯,车服不系其夫,下王后一等,犹执妇道,以成肃雍之德。"

【译文】

《毛诗》说:"《何彼秾矣》这首诗,是赞美周王的女儿王姬的品德的。她虽然是王姬，却下嫁给诸侯。她的车子和衣服都不以尊贵来压她的夫家，而是比王后低一个等级。她是周王的女儿，仍严守妇道，成全恭敬和顺的美德。

【原文】

舜妻，尧之二女。行妇道于虞氏。

【译文】

舜的妻子是尧的两个女儿。她们侍奉舜的家人，严格遵守妇道。

【原文】

唐岐阳公主，宪宗之嫡女，穆宗之母妹，母懿安郭皇后，尚父子仪之孙也。适工部尚书杜悰，逮事舅姑。杜氏大族，其他宜为妇礼者，不翅数千人。主卑委怡烦，奉上抚下，终日惕惕，屏息拜起，一同家人礼度。二十余年，人未尝以丝发间指为贵骄。承奉大族，时岁献馈，吉凶赗助，必经亲手。姑凉国太夫人寝疾，比丧及葬，主奉养，蚤夜不解带，亲自尝药，粥饭不经其手，一不以进。既而哭泣哀号，感动它人。彼天子之女，犹不敢失妇道，奈何臣民之女，乃敢恃其贵富以骄其舅姑？为妇若此，为夫者宜弃之，为有司者治其罪可也。

【译文】

唐代岐阳公主是唐宪宗的嫡女，唐穆宗的同母妹妹。她的母亲懿安郭皇后，是郭子仪的孙女。岐阳公主嫁给工部尚书杜悰，开始侍奉公婆。杜家是个大家族，除了公婆，媳妇应该对其行妇礼的人还有几千人。公主谦卑怡顺，侍奉公婆，爱抚后代，整天忙忙碌碌，行使各种礼仪，一律与家里其他成员一样。她在杜家二十多年,人们没有指责过她一丝一毫的娇贵。她侍奉大家族,无论祭祀,还是操办红白喜事,都要亲自动手。婆婆凉国夫人从卧病在床到死,公主亲自侍奉,昼夜衣不解带,亲自为婆婆端汤送药。粥饭不经过她的手,不能进奉。等到婆婆死后,她哭泣哀号,感动他人。公主是皇帝的女儿,尚且不敢不守为妇之道,而平民的女儿,怎么敢凭借富贵而怠慢公婆呢?为人媳妇如果这样不懂礼,丈夫应该将她抛弃,让有关部门治她的罪。

妾

妾之地位与奴婢同

【原文】

《内则》:"虽婢妾,衣服饮食必后长者。"

【译文】

《内则》说:"即便是奴婢和妾,也要遵守礼法,饮食起居都要先礼让长辈和年纪大的人,自己排在后面。"

【原文】

妾事女君,犹臣事君也。尊卑殊绝,礼节宜明。是以"绿衣黄裳",诗人所刺;慎夫人与窦后同席,袁盎引而却之;董宏请尊丁傅,师丹劾奏其罪。皆所以防微杜渐,抑祸乱之原也。或者主母屈己以下之,犹当贬抑退避,谨守其分,况敢挟其主父与子之势,陵慢其女君乎?

【译文】

妾侍奉嫡妻,和臣下侍奉君主是一个道理。她们的尊贵和卑下不同,礼节也要区别分明。所以"黄衣绿裳"是诗人所讽刺的;慎夫人与窦后同席而坐,袁盎就回避;董宏请尊丁傅,师丹就向皇上弹劾他的罪。这都是为了防微杜渐,不让祸乱在微小的地方开始萌生。即便有的嫡妻主母主动降低自己的身份,也应当谦虚退让,谨守自己的本分。怎么能依仗主父和儿子的势力,欺凌和慢待正室呢?

【原文】

卫宗二顺者,卫宗室灵王之夫人及其傅妾也。秦灭卫君,乃封灵王世家,使奉其祀。灵王死,夫人无子而守寡,傅妾有子代后。傅妾事夫人,八年不衰,供养愈谨。夫人谓傅妾曰:"孺子养我甚谨,子奉祀而妾事我,我不愿也。且吾闻,主君之母不妾事人,今我无子,于礼斥绌之人也,而得留以尽节,是我幸也。今又烦孺子不改故节,我甚内惭!吾愿出居外,以时相见,我甚便之。"傅妾泣而对曰:"夫人欲使灵氏受三不祥耶?公不幸早终,是一不祥也;夫人无子而婢妾有子,是二不祥也;夫人欲居外,使婢妾居内,是三不祥也。妾闻忠臣事君,无时懈倦;孝子养亲,患无日也。妾岂敢以少贵之故,变妾之节哉?供养,固妾之职也,夫人又何勤乎?"夫人曰:"无子之人,而辱主君之母,虽子歇尔,众人谓我不知礼也。吾终愿居外而已。"傅妾退而谓其子曰:"吾闻君子处顺,奉上下之仪,修先古之礼,此顺道也。今夫人难我,将欲居外,使我处内,逆也。处逆而生,岂若守顺而死哉?"遂欲自杀。其子泣而守之,不听。夫人闻之,惧,遂许傅妾留,终年供养不衰。

【译文】

卫宗二顺是卫国宗室灵王的夫人和他的傅妾。秦国灭掉卫国国君后,封卫国宗室的灵王,让他继承卫君宗族的香火。灵王去世后,他的夫人守寡又没有儿子,但他的傅妾有儿子,为灵王传宗接代。傅妾侍奉夫人整整八年毫不懈怠,而且供养更加谨慎。夫人对傅妾说:"你赡养我非常恭谨,你为灵王延续了香火,还要以妾的身份来侍奉我,我不愿意这样。现在你的儿子是咱家的主君,我听说主君的母亲不能以妾的身份去侍奉人,我没有给灵王留下子嗣,按照礼法是应当被冷落废黜的人,然而还能够留在卫家,已经是我的幸运了。现在又得让你遵守过去的礼节,我的心里很感惭愧!我愿意到外边去另外居住,我们时间长了互相见个面,我觉得这样对我很便当。"傅妾听后哭着说:"夫人你莫非想让灵王家贪上三件不好的事情吗?灵王不幸早死,这是第一件不好的事;夫人没有子嗣而奴婢傅妾却有儿子,这是第二件不好的事;夫人想住在外边,反让奴婢傅妾住在家里,这是第三件不好的事。我听说忠臣侍奉君主没有懈怠和厌倦的时候;孝顺的子女供养父母亲,生怕父母亲早离开人世。我又怎么敢因为身份稍微有点变化就改变节操呢?供养夫人本来就是我的职责,夫人又哪里用得着多心呢?"夫人说:"我是个没有子嗣的人,而有辱主君的母亲,虽然你一片好意,愿意这样侍奉我,但世人还以为我不懂得礼呢。我还是决定要到外边去居住。"傅妾出来对他的儿子说:"我听说君子应当处顺,行为都要符合礼义,这就叫作顺。现在夫人给我出了一道难题,她要到外边去居住,让我住在家里,这是大逆不道。与其顶着大逆不道的罪名活着,还不如遵守礼法去死!"于是她想自杀。她的儿子哭泣着看守在她身边,并劝说她,可她不听。夫人听说后,很害怕,于是答应傅妾留下来。而傅妾还像以往那样,长年供养夫人,毫不懈怠。

【原文】

后唐庄宗不知礼,尊其所生为太后,而以嫡母为太妃。太妃不以愠,太后不敢自尊,二人相好,终始不衰,是亦近世所难。

【译文】

后唐的庄宗不懂得礼法,将他的生母尊为太后,而封嫡母为太妃。但是太妃并没有因此而怀恨,太后也不敢自尊自大。两个人自始至终和睦相处,这也是现在一件难能可贵的事。

乳母

保母义重如山

【原文】

《内则》:"异为孺子室于宫中,择于诸母与可者,必求其宽裕、慈惠、温良、恭敬、慎而寡言者,使为子师,其次为慈母,其次为保母。皆居于室,他人无事不往。"

【译文】

《内则》说:"应当为嫡子在宫中另辟一室居住,挑选性情宽厚、仁慈贤惠、温顺贤良、谦恭礼敬、谨慎寡言的人来做嫡子的教师、慈母和保姆,他们和嫡子住在一起,负责嫡子的教育,照顾他的生活,其他人没有事情不能随意进出嫡子的房间。"

【原文】

鲁孝公义保臧氏。初,孝公父武公与其二子――长子括、中子戏――朝周宣王。宣王立戏为鲁太子。武公薨,戏立,是为懿公。孝公时号公子称,最少。义保与其子俱入宫养公子称。括之子曰伯御,与鲁人作乱,攻杀懿公而自立,求公子称于宫中,欲杀之。义保闻伯御将杀称,衣其子以称之衣,卧于称之处,伯御杀之。义保遂抱称以出,遇称之舅鲁大夫于外。舅问:"称死乎?"义保曰:"不死,在此。"舅曰:"何以得免?"义保曰:"以吾子代之。"义保遂抱以逃。十一年,鲁大夫皆知称之在保,于是请周天子杀伯御,立称,为孝公。

【译文】

鲁孝公的义保臧氏。最初,孝公的父亲武公与他的两个儿子——长子括、中子戏——朝见周宣王,周宣王立戏为鲁太子。武公死后,戏继位,这就是懿公。其时孝公号公子称,年龄最小。义保带着儿子进入宫中抚养公子称。括的儿子名叫伯御,与鲁人发动叛乱,杀死懿公而自立,又到宫中寻找公子称,想杀死他。义保听说伯御要杀公子称,就把称的衣服穿在自己儿子的身上,让儿子睡在公子称的床上,结果被伯御杀死。义保抱起称出宫,在宫外遇到称的舅舅鲁大夫,舅舅问:"称死了吗?"义保说:"没有死,在这里。"舅舅问:"称怎么免于一死的?"义保回答说:"用我的儿子代替了称。"于是义保抱着称逃了出去。十一年,鲁大夫都知道称在义保那里,就请求周天子杀掉伯御,立称为诸侯,是为孝公。

【原文】

秦攻魏,破之,杀魏王,诛诸公子,而一公子不得。令魏国曰:"得公子者,赐金千镒;匿之者,罪至夷。"公子乳母与公子俱逃。魏之故臣见乳母,识之,曰:"乳母固无恙乎?"乳母曰:"嗟乎!吾奈公子何。"故臣曰:"今公子安在?吾闻秦令曰,有能得公子者,赐金千镒;匿之者,罪至夷!乳母傥知其处乎?而言之,则可以得千金;知而不言,则昆弟无类矣!"乳母曰:"吁!我不知公子之处。"故臣曰:"我闻公子与乳母俱逃。"曰:"吾虽知之,亦终不可以言。"故臣曰:"今魏国已破亡,族已灭矣!子匿之,尚谁为乎?"母曰:"吁!夫见利而反上者逆,畏死而弃义者,乱也。今持逆乱而以求利,吾不为也。且夫凡为人养子者,务生之,非为杀之也,岂可以利赏畏诛之故,废正义而行逆节哉?妾不能生而令公子禽矣!"乳母遂抱公子逃于深泽之中。故臣以告秦军,追见,争射之。乳母以身为公子蔽矢,矢著身者数十,与公子俱死。秦君闻之,贵其能守忠死义,乃以卿礼葬之,祠以太牢,宠其兄为五大夫,赐金百镒。

【译文】

　　秦国攻破魏国,杀掉魏王,还杀掉了魏王的几个公子,但是有一个公子没有找到,于是秦国就在魏国传令:"找到公子的,赏赐千镒金子;有隐藏公子的,就要杀掉他的全族。"这个公子的乳母与公子一起逃亡。魏国的一个旧臣看到乳母,认出了她,就说:"乳母别来无恙?"乳母说:"唉呀,我不知公子怎么办。"旧臣说:"公子现在在哪里?我听说秦国下了令,谁找到公子,赏赐千镒金子;谁隐藏公子,就诛灭全家。乳母知道公子的住处吗?如果说出来,可以得到千镒金子;如果你知道不说出来,你的兄弟就活不成了!"乳母说:"吁!我不知道公子在哪儿。"老臣说:"我听说公子是和你一起逃走的。"乳母说:"我即便知道,也不说出来。"旧臣说:"现在魏国已经灭亡,魏王宗族也被消灭,你隐藏公子,为的是谁呢?"乳母说:"唉!见利就上的人大逆不道,怕死而弃义的人就是乱臣贼子。现在持逆作乱以图利,是我所不愿意的,况且为人抚养孩子,为的是让他生存下去,并非为了杀死他,我怎么能因为求利、怕死而去抛弃正义、为非作乱呢?我不能为了自己活命就让公子被人捉去!"乳母就抱着公子逃到深山里面。旧臣将公子的行踪报告给秦军,秦军追上去,争着用箭射他们。乳母用身体为公子挡箭,射到身上的箭多达几十支,最后她与公子一起被射死。秦国国王听说了这件事,非常欣赏乳母能够竭忠尽义,就下令按照卿的规格埋葬了她,而且用太牢祭祀她,还封她的哥哥为五大夫,并赏赐百镒金子。

【原文】

唐初，王世充之臣独孤武都谋叛归唐，事觉诛死。子师仁始三岁，世充怜其幼，不杀，命禁掌之。其乳母王兰英求自髡钳，入保养师仁，世充许之。兰英鞠育备至。时丧乱凶饥，人多饿死，兰英乞丐捃拾，每有所得，辄归哺师仁，自惟唼土饮水而已。久之，诈为捃拾，窃抱师仁奔长安。高祖嘉其义，下诏曰："师仁乳母王氏，慈惠有闻，抚育无倦，提携遗幼，背逆归朝，宜有褒隆，以锡其号，可封寿永郡君。"

【译文】

唐朝初年，王世充的大臣独孤武都密谋叛变王世充，归顺唐朝，事情败露而被杀。他的儿子师仁仅三岁，世充可怜他幼小，没有杀，命令放在宫中抚养。师仁的乳母王兰英自愿受髡钳，入宫抚养师仁，王世充答应了她。兰英抚养师仁，无微不至。这是由于战乱和饥荒，很多人饿死了，兰英到处乞讨，捡拾，只要得到一点吃的，就拿回去喂师仁，而她自己只是吃点土、喝点水而已。过了很长时间，她谎称捡拾谷子，悄悄地抱着师仁跑到长安。唐高祖嘉奖她的仁义，下诏说："师仁的乳母王氏，以慈惠而闻名，抚育别人的遗孤，不知疲倦，而且怀抱遗孤悖逆归朝，应该给以褒奖，以宣扬她的名声，可以封她为寿永郡君。"

【原文】

五代汉凤翔节度使侯益入朝，右卫大将军王景崇叛于凤翔，有怨于益，尽杀其家属七十余人。益孙延广尚襁褓，乳母刘氏以己子易之，拖延广而逃，乞食于路，以达大梁，归于益家。呜呼！人无贵贱，顾其为善何如耳！观此乳保，忘身殉义，字人之孤，名流后世，虽古烈士，何以过哉！

【译文】

五代后汉凤翔节度使侯益入朝谒见皇上,右卫大将军王景崇在凤翔反叛,他跟侯益有仇,就杀死侯益的家属七十多人。侯益的孙子延广还在襁褓之中,乳母刘氏用自己的儿子换了延广,抱着延广逃跑,沿路乞讨,终于到了大梁,回到侯益的家中。呜呼,人没有贵贱之分,关键是看他做没做好事。看这些乳母,舍生取义,替别人抚养孤儿,名传后世,即便是古代那些坚贞不屈的刚强之士,也未必超过她们。